高等职业院校化学化工类规划教材

HUA GONG SHENG CHAN JI SHU
化工生产技术

王文静　丁　洁　方光静　主编
吕海金　主审

中国海洋大学出版社
·青岛·

图书在版编目(CIP)数据

化工生产技术 / 王文静，丁洁，方光静主编.
—青岛：中国海洋大学出版社，2016.8（2022.2 重印）
ISBN 978-7-5670-1228-8

Ⅰ. ①化… Ⅱ. ①王… ②丁… ③方…
Ⅲ. ①化工生产—生产技术—职业教育—教材
Ⅳ. ①TQ06

中国版本图书馆 CIP 数据核字(2016)第 196603 号

出版发行 中国海洋大学出版社
社　　址 青岛市香港东路 23 号　　**邮政编码** 266071
出 版 人 杨立敏
网　　址 http://www.ouc-press.com
电子信箱 1079285664@qq.com
订购电话 0532－82032573
责任编辑 孟显丽　　**电　　话** 0532－85901092
印　　制 日照报业印刷有限公司
版　　次 2017 年 2 月第 1 版
印　　次 2022 年 2 月第 3 次印刷
成品尺寸 185 mm×260 mm
印　　张 10.75
字　　数 197
印　　数 3101—4650
定　　价 32.00 元

前　言

本书以典型的有机化工产品(甲醇、醋酸、氯乙烯、苯乙烯)和典型的无机化工产品(氯碱、纯碱),以及典型的海洋化工产品(硅胶、海藻化工)共八个化工生产项目生产工艺为素材,以任务驱动为主线,重构了八个学习型教学项目。通过对八个典型化工生产项目的学习,使学生系统掌握化工信息和文献资料的检索方法、生产工艺路线的分析与选择、工艺参数的确定、催化剂的选择与使用、生产设备的选择、生产工艺的组织、生产安全与防护等知识,培养学生解决实际问题的方法和能力,并注重培养他们一丝不苟、实事求是的工作态度和团结协作、安全生产、清洁生产、节能环保等职业素质。

本书由青岛职业技术学院吕海金教授担任主审,由青岛职业技术学院王文静、丁洁、方光静三位老师担任主编,编写分工为:丁洁编写项目一、二,方光静编写项目三、四、五,王文静编写项目六、七、八,全书由王文静统稿。

本书在编写过程中得到青岛市中高职专业办学联盟和中国海洋大学出版社的大力支持和帮助。此外,青岛海晶化工集团、青岛明月海藻集团、青岛碱业集团、青岛海洋化工有限公司等合作办学企业对本书的编写提供了大量支持,在此一并表示衷心的感谢。

本书为化工及相关专业的高职高专教材,也可作为相关专业技术人员的参考书。

限于编者水平,书中难免有不妥之处,敬请各位同仁和读者批评指正。

编　者

2016 年 12 月

Contents

目录

项目一　氯碱生产

项目说明

氯碱工业是最基本的化学工业之一，它的产品除应用于化学工业本身外，还广泛应用于轻工业、纺织工业、冶金工业、石油化学工业以及公用事业。通过本项目的学习，使学生了解氯碱产品的基本性质和用途、氯碱工业的基本情况及氯碱的生产方法，熟悉离子膜法氯碱的生产工艺流程及氯碱生产的操作规程，掌握影响氯碱生产的工艺条件及影响因素。

任务一　氯碱工业概貌检索

知识目标

1. 了解并掌握氯碱化工产品的理化性质及用途；
2. 了解氯碱工业的发展规模。

能力目标

1. 能够熟练利用工具书、网络资源等查找氯碱生产有关知识；
2. 能够从节能环保和循环经济的角度分析氯碱行业的现状。

素质目标

1. 提升氯碱化工责任意识；
2. 培养爱岗敬业使命感。

一、氯碱产品的性质

（一）布置任务

检索氯碱化工基本产品及基本性质。

具体任务内容包括检索氢氧化钠、氯气和氢气等主要氯碱产品名称、化学式、外观、沸点、熔点、相对密度、折光率、溶解性以及典型的化学性质。

（二）任务总结

氯碱工业以盐为原料，电解工业盐水制取烧碱，同时可联产氯气、氢气。氯气又可进一步加工成氯化氢、盐酸、消毒液、农药、医药等为代表的多种耗氯产品，这一工业部门称为氯碱工业。目前我国能够生产200多种耗氯产品，主要品种70多个。

1. 烧碱，又称火碱、苛性钠，学名氢氧化钠，化学式为 $NaOH$，相对分子质量为40.01，密度为2.130 kg/dm^3，熔点为318.4℃，沸点为1390℃。

无水纯氢氧化钠为白色、半透明羽状结晶体。

氢氧化钠易溶于水，同时强烈放热，溶液呈强碱性，溶于乙醇和甘油。

另外，固碱吸湿性很强，露置在空气中极易潮解，吸收 CO_2 生成 Na_2CO_3，最后会完全溶解成溶液。

对许多材料有强烈的腐蚀性，烧碱溶液由于浓度不同可形成含1，2，3，4，5或7个结晶水的水合物。

烧碱产品有固碱和液碱两种，固碱有块状、片状和粒状之分。

烧碱是重要的化学化工原料之一，广泛用于化工、纺织、冶金及石油化工等工业部门。

2. 氯气，化学名称为氯气，化学式为 Cl_2，相对分子质量为70.9。

氯气呈黄绿色，具有强烈的刺激性，密度为3.214 kg/m^3（0℃，0.1013 MPa），液化温度为−33.6℃（0.1013 MPa）。氯气易溶于水、酒精和四氯化碳等溶液中。

氯气易与某些气体（氢气、氨气、乙炔等）混合形成具有爆炸性的气体混合物。

氯气对植物有很大的破坏作用。湿氯气对金属有强烈的腐蚀作用。氯气对人体的作用随浓度不同有很大差异。

氯为卤族元素，化学性质非常活泼，能与大多数元素化合，也能与许多化合物反应。

3. 氢气，化学名称为氢气，化学式为 H_2，相对分子质量为2.016。

氢气为无色无味的气体，密度为0.089 kg/m^3（0℃，0.1013 MPa）。

氢气与空气、氯气混合在一定程度上具有爆炸性；此外，氢气具有强还原性。

二、氯碱产品的用途

（一）布置任务

检索氯碱工业产品用途。

（二）任务总结

氯碱工业是国民经济的重要组成部分，是基础化工原材料行业，其碱、氯、酸等产品广泛应用于建材、化工、冶金、造纸、纺织、石油等工业，在整个国家工业体系中占据着十分重要的基础性地位。

1. 烧碱的用途。

烧碱是基础性化工原料，用途广泛，主要应用于以下工业。

基本化学工业：如金属钠的制取，以及重铬酸钠、碳酸锰、保险粉等产品的制造。

化学农药工业：如五氯酚钠、1605、1059 等产品的生产。

医药工业：如磺氨药类、青链霉素等的生产，以及鱼肝油的精制等。

石油工业：如润滑油、洗涤柴油等的生产。

冶金工业：如炼钢、电解铋等。

造纸和纺织工业：如凸版纸、印染布制造等。

有机化学工业：如有机酸、有机纤维、有机树脂的生产等。

2. 氯气的用途。

用于杀菌消毒：如液氯、漂白粉用于上、下水污染源等杀菌消毒。

用于漂白与制浆：如液氯用于纸浆、棉纤维及化学纤维的漂白，氯化纸浆的生产等。

用于冶金工业：如镁的冶炼及精制，钛、锆、钒、铌、钼、铜、钨的生产。

用于制造无机氯化物：如盐酸、三氯化碳、三氯化铝等的生产。

用于制造有机氯化物及有机化合物：如二氯乙烷、三氯乙烷、四氯乙烯、氯乙醇、聚氯乙烯、氯丁橡胶等的生产。

3. 氢气的用途。

用作还原剂：如将金属氧化物、氯化物还原生产纯金属。

用作合成盐酸或氯化氢气体，供其他产品用。

用作油脂硬化加氢及燃料等。

三、氯碱工业的特点及现状

（一）布置任务

1. 检索氯碱工业生产特点现状。

2. 检索我国氯碱工业发展状况。

（二）任务总结

1. 氯碱工业的特点。

(1) 原料易得。

(2) 能源消耗大。氯碱生产的耗电量仅次于电解法生产铝，按照目前国内生产水平，每生产 1 吨 100%烧碱需耗电 2500 度左右、耗蒸汽 3 吨。电力供应情况和电价对氯碱产品的生产成本影响很大。重视选用先进工艺，提高电解槽的电能效率和碱液蒸发热能的利用率，以降低烧碱的电耗和蒸汽消耗，始终是氯碱生产企业的一项核心工作。

(3) 氯与碱的平衡，矛盾始终存在。电解食盐水溶液时，按固定质量比例(1∶0.85)同时产出烧碱和氯气两种产品。在一个国家和地区，对烧碱和氯气的需求量不一定符合这一比例，因此就出现了烧碱和氯气的供求平衡问题。在一般情况下，发展中国家在工业发展初期用氯量比较小，由于氯气不宜长途运输，所以总是以氯气的需要量来决定烧碱的产量，因此往往会出现烧碱短缺的现象。在石油化工和基本有机原料发展较快的国家和地区，氯的用量较大，因此就会出现烧碱过剩的现象。总之，烧碱和氯气的平衡问题始终是氯碱工业发展中的一个矛盾。

(4) 腐蚀和污染严重,氯碱工业属于“三高”行业。氯碱产品如烧碱、盐酸等均具有强腐蚀性,在生产过程中使用的原料如石棉、汞和所产生的含氯废气都可能对环境造成污染,因此防止腐蚀和“三废”处理也一直是氯碱工业的努力方向。

2. 我国氯碱工业发展概况。

我国氯碱工业是在 20 世纪 20 年代才开始创建的,第一家氯碱厂是上海天原电化厂。

20 世纪 50 年代中期,北京化工设计院与上海天原化工厂成功地合作研制了立式吸附隔膜电解槽,与水平隔膜电解槽相比可节电 23%。1986 年我国引进第一套离子膜法烧碱装置。

2003 年,我国有 100 多家氯碱生产企业(如图 1-1 所示),烧碱总生产能力达 1050 万吨以上,产量 9600 万吨;企业规模按产量划分,20 万吨以上的企业有 6 家,其中离子膜法烧碱年生产能力占总能力的 30%以上。

之后经过十几年的发展,到 2013 年底,我国烧碱产能达到 3850 万吨/年,产量为 2854.1 万吨,烧碱产能和产量均居世界第一,约占全球总产能的 40%。离子膜烧碱产能为 3640 万吨/年,所占比例已经接近 95%。我国烧碱每年的出口量在 200 万吨以上,占 7%~8%(如图 1-2 所示)。

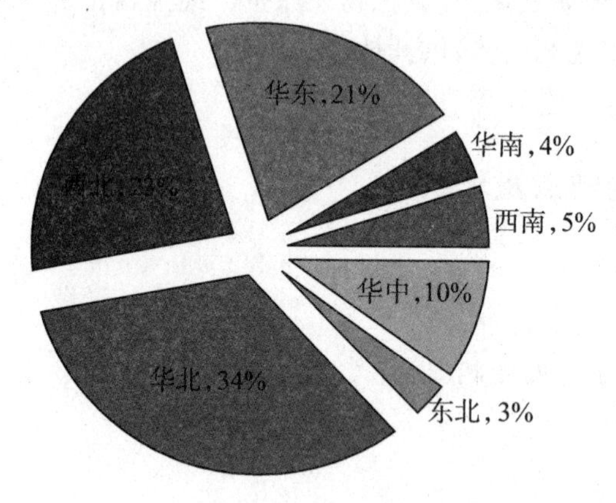

图 1-1　2013 年中国氯碱产品区域分布图

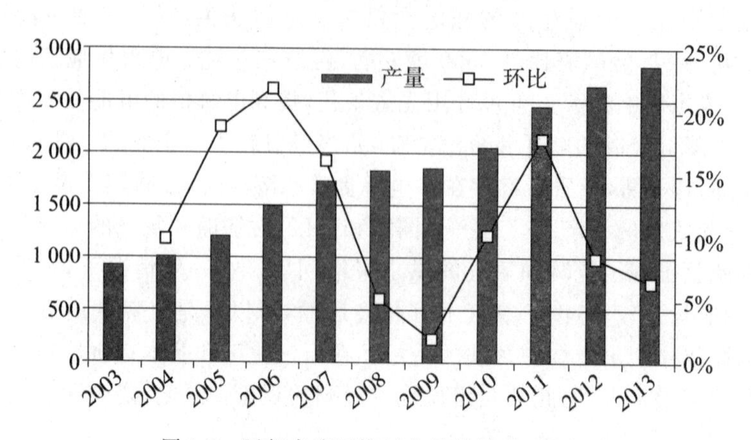

图 1-2　近年来我国烧碱产量统计表(万吨)

任务二 氯碱生产工艺路线分析与选择

知识目标

1. 了解氯碱生产方法的历史；
2. 掌握氯碱生产方法的特点。

能力目标

1. 能够熟练利用工具书、网络资源等查找氯碱生产有关知识；
2. 能够从节能环保和循环经济的角度分析烧碱生产方法的发展必要性。

素质目标

1. 提升严谨科学的工作态度；
2. 建立化工生产过程安全、清洁的责任意识。

（一）布置任务

检索氯碱工业生产技术的发展历程。

（二）任务总结

历史上，烧碱有两种生产方法：一种是化学法或称苛化法，另一种是电解法。

1. 苛化法。

以纯碱水溶液与石灰乳为原料，通过苛化反应生成烧碱（NaOH）的方法，反应的化学方程式为

$$Na_2CO_3 + Ca(OH)_2 = 2NaOH + CaCO_3 \downarrow$$

苛化法生产过程分为化碱、苛化、澄清、蒸发等四个工序。

与电解法制烧碱相比较，由于纯碱是纯度较高的原料，含氯化钠极少，所得烧碱的纯度也较高，但是需要消耗另一种重要的产品——纯碱。

19世纪末，世界上一直是用苛化法生产烧碱。1851年Watt发表了用电解食盐水溶液制备氯气的专利，但直到直流发电机发展以后才于1890年实现工业化生产。1890年德国首先用隔膜法生产烧碱，第一台水银电解槽是1892年取得专利。1966年，美国开发出宇宙技术燃料电池用的全氟磺酸阳离子交换膜，能耐食盐水溶液电解时的苛刻条件，因而1972年以后大量生产转为民用并用于氯碱工业，离子交换膜法实现大工业化生产。

2. 电解法。

电解法是电解饱和食盐水制得烧碱、氯气和氢气的生产工艺。电解法生产烧碱在制得烧碱的同时还制得氯气和氢气，所以工业上电解法生产烧碱也称氯碱工业。根据电解槽结构、电解材料和隔膜材料的区别，电解法又分为隔膜法、水银法和离子交换膜法。

（1）隔膜法（简称D法）。隔膜法电解是利用多孔渗透性的隔膜材料作为隔层，把阳

极产生的氯与阴极产生的氢氧化钠和氢分开，以免它们混合后发生爆炸和生成氯酸钠。由于此过程产生的氯和烧碱是强腐蚀性物质，因此阳极材料和隔膜材料的选择是隔膜法工业生产的关键问题。

隔膜法电解槽制得的电解液含 NaOH 质量分数为 10%～12%，因此需要用蒸发装置来浓缩，消耗大量蒸汽；蒸发后可获得含 NaOH 质量分数 50%的液碱，但仍含有质量分数为 1%的氯化钠。该法的总能耗比较高，而且石棉隔膜寿命短又是有害物质。

(2) 水银法(简称 M 法)。水银电解槽由电解室和解汞室组成。在汞阴极上进行 Na^+ 的放电生成金属钠，立即与汞作用得到钠汞齐。

$$Na^+ + nHg + e \rightarrow NaHg_n$$

钠汞齐从电解室排出后，在解汞室中与水作用生成氢氧化钠和氢气。

$$NaHg_n + H_2O \rightarrow NaOH + \frac{1}{2}H_2 + nHg$$

由于在电解室中产生氯气，在解汞室中产生氢氧化钠和氢气，因而解决了阳极产物和阴极产物分开的关键问题。

水银法的优点是电解槽流出的溶液产物中 NaOH 质量分数较高，可达 50%，不需蒸发增浓；产品质量好，含盐低，约为 0.003%。但是，水银是有害物质，应尽量避免使用，因此水银法已逐渐被淘汰。

(3) 离子交换膜法(简称 IEM 法)。离子交换膜法是在应用了美国开发出的化学性能稳定的全氟磺酸阳离子交换膜之后，日本首先工业化生产的氯碱新工艺。该法用离子膜将电解槽的阳极室和阴极室隔开，在阳极上和阴极上发生的反应与一般隔膜法电解相同，但离子膜的性能好，不允许 Cl^- 透过。因此，阴极室得到的烧碱纯度高，其电能和蒸汽消耗与隔膜法和水银法比可节约 20%～25%，而且建设投资费、解决环境保护等方面均优于其他方法。因此，离子膜法是当今氯碱工业的主要生产技术。

同时，根据中华人民共和国发展和改革委员会第 9 号令《产业结构调整指导目录(2011 年版)》的要求，隔膜法苛性钠生产装置 2015 年底前全部淘汰，所以，本项目后续内容只针对离子膜电解法烧碱生产工艺。

任务三　氯碱生产工艺参数确定

知识目标

1. 掌握离子膜法工艺控制参数；
2. 理解自动化控制的重要性。

能力目标

1. 能对离子膜法生产工艺参数进行分析；
2. 能对过程控制异常参数进行正确调整。

素质目标

1. 培养一丝不苟的工作态度；
2. 逐步建立产品成本核算意识。

一、离子膜电解法烧碱生产工艺参数

（一）布置任务

根据离子膜电解法烧碱生产流程，分析工艺控制参数。

（二）任务总结

1. 饱和食盐水的质量。

盐水中的 Ca^{2+}、Mg^{2+} 和其他重金属离子，与阴极室反渗透过来的 OH^- 结合成难溶的氢氧化物会沉积在膜内，使膜电阻增加、槽电压上升，还会使膜的性能发生不可逆恶化而缩短膜的使用寿命。

2. 电解槽的操作温度。

离子膜在一定的电流密度下，有一个取得最高电流效率的温度范围。不同的电流密度，最佳运行温度有区别，根据离子膜的种类和实际工艺适时调整。一般情况下，操作温度不能低于 65℃。因为温度过低膜内的—COO^- 与 Na^+ 结合成—COONa 后，使离子交换难以进行；同时，阴极侧的膜由于得不到水合钠离子而造成脱水，使膜的微观结构发生不可逆改变，电流效率急剧下降。槽温也不能太高（90℃以上），否则产生大量水蒸气而使槽电压上升。

3. 阴极液中 NaOH 的含量。

阴极液中 NaOH 浓度与电流效率存在一个极大值，随着 NaOH 浓度的上升，膜的阴极侧含水率就降低，膜的交换能力增强，电流效率提高。但是，NaOH 浓度过高，特别是超过 35%以后，膜中 OH^- 离子反渗透到阳极的机会增多，使电流效率明显下降。

此外，阴极液中 NaOH 浓度对槽电压也有一定的影响。一般来说，浓度提高，槽电压会升高，电耗升高。

4. 阳极液中 NaCl 的含量。

阳极液中 NaCl 浓度对电流效率、槽电压以及碱液含盐量都有影响。

NaCl 浓度低，不仅对提高电流效率、降低碱中含盐量不利，长期运行还会使膜膨胀、严重起泡、分离直至永久性破坏，继而引起槽电压升高。

5. 盐水加盐酸（阳极液 pH）。

盐水中加入高纯度盐酸目的是中和从阴极反迁移过来的微量 OH^-，阻止其在阳极上放电来降低 Cl_2 中的 O_2 含量。但假如 HCl 过量，会使离子膜含羧酸基团层一侧酸化，造成膜的永久性损坏，槽电压急剧上升。一般控制阳极液的 pH 为 3～4，不能低于 2，一般与电气整流装置连锁。

6. 停止供水或盐水的影响。

向阴极室中加纯水的目的是控制 NaOH 浓度：加水量大，质量浓度低；加水量少，浓度过高，槽电压升高，还会损坏离子膜。

盐水供应停止，槽电压快速升高，电流效率快速下降，一般设置低流量连锁。

7. Cl_2 和 H_2 压力变化的影响。

所有的离子膜电解槽，都是控制阴极室压力略高于阳极室压力，保持合适的压差，将膜压向阳极。如果 Cl_2 和 H_2 的压力频繁变化，会使膜与电极表面不断摩擦，使膜产生损伤。生产中一般设置氯气高低压、氢气高低压联锁。

二、参数的控制手段

（一）布置任务

根据掌握的仪表及自动化知识，分析工艺控制手段。

（二）任务总结

1. 由于氯碱生产安全和环保以及职业卫生等方面的特性，决定了氯碱工业过程自动化程度的飞速进步。随着新技术、新材料的不断发展，许多以往难以检测、使用寿命短、性能不稳定、维护量大、成本高等问题已得到有效解决，使得氯碱自动化测控仪表应用和调节水平得到极大提高，主要体现在用于氯碱生产的仪表系统和控制系统上。

用于氯碱工业的仪表主要有：温度仪调节控制，流量调节控制，压力和差压，液位调节控制，各种在线分析仪表。

2. 调节措施。

(1) 温度调节（加热和冷却）——温度测点与热源、冷源阀门开度。

(2) 压力调节（负压和正压）——压力测点与阀门。

(3) 流量调节（气体流量和液体流量）——流量测点与阀门。

(4) 液位调节——液位与出口和进口阀门。

(5) 组分调节——pH 与加酸量（加碱量），一种组分设定根据配比自行调节另一种。

3. 控制系统。

可编程控制器（PLC）的应用：一般安装在现场。

分散控制系统（DCS）的应用：如西门子 PCS7 集散控制系统，日本横河公司综合生产控制系统，浙大中控 ECS-100 集散控制系统。

任务四　氯碱生产工艺流程组织

知识目标

1. 掌握离子膜法生产原理；
2. 掌握离子膜法工艺过程。

能力目标

1. 能对离子膜法生产工艺运行和流程进行解析；

2. 能对流程工艺提出改进建议。

素质目标

1. 建立化工流程总体思路；
2. 提升化工生产全过程清洁意识。

一、离子膜电解法烧碱生产基本原理。

（一）布置任务

根据化学基础，分析离子膜电解法烧碱生产的基本原理。

（二）任务总结

1. 化盐的基本原理。

温度对食盐在水中的溶解度影响不大，但提高温度可加快食盐的溶解速度，故此采用热法化盐。化盐温度一般控制在55℃左右，采用逆流接触溶解法，盐层和化盐温度自控。

2. 一次盐水精制的基本原理。

精制就是采用化学或物理方法除掉粗盐水中的 Mg^{2+}、Ca^{2+}、SO_4^{2-} 等对电解有害的杂质。

采用烧碱-纯碱法除掉盐水中的 Mg^{2+}、Ca^{2+}，其化学反应为

$$Mg^{2+} + 2Na^+ + 2OH^- \longrightarrow Mg(OH)_2 \downarrow + 2Na^+$$

$$Ca^{2+} + 2Na^+ + CO_3^{2-} \longrightarrow CaCO_3 \downarrow + 2Na^+$$

3. 中和的基本原理。

烧碱-纯碱法精制盐水，并控制 $NaOH$、Na_2CO_3 过量。为不使碱性大的粗盐水进入电槽，则要用盐酸中和 $NaOH$ 和 Na_2CO_3，其化学反应为

$$NaOH + HCl \longrightarrow NaCl + H_2O$$

$$Na_2CO_3 + 2HCl \longrightarrow 2NaCl + H_2O + CO_2 \uparrow$$

4. 离子膜二次盐水精制原理。

$R—CH_2—N(CH_2COONa)_2$ + Ca^{2+} (Mg^{2+}) ⟶ $R—CH_2—N(CH_2COO)_2Ca(Mg)$ + $2Na^+$

吸附前的状态

吸附后的状态

5. 离子膜电解原理。

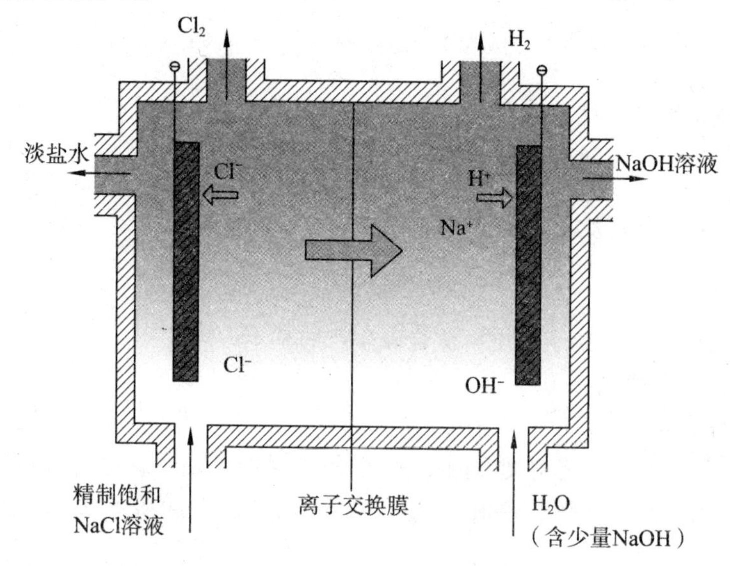

图 1-3 离子膜电解原理图

电解主要反应为

$$2NaCl+2H_2O \xlongequal{} H_2\uparrow+Cl_2\uparrow+2NaOH$$

电极反应为

$$NaCl \xlongequal{} Na^++Cl^- \quad H_2O \rightleftharpoons H^++OH^-$$

阳极：$2Cl^- -2e \longrightarrow Cl_2\uparrow$

阴极：$2H^+ +2e \longrightarrow H_2\uparrow$

$Na^+ +OH^- \longrightarrow NaOH$

二、离子膜电解法烧碱生产工艺流程组织

（一）布置任务

根据工艺学基础，解析电解法烧碱生产的工艺流程。

（二）任务总结

电解法烧碱生产的主要生产流程可以简单地用图 1-4 表示。

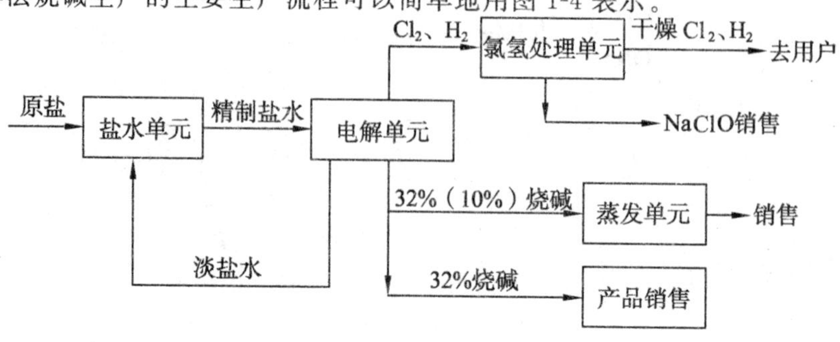

图 1-4 电解法烧碱生产流程工艺框图

1. 盐水处理。

电解法制碱的主要原料是饱和食盐水，由于粗盐水中含有泥沙，精制食盐水时经常进行以下措施。

(1) 原盐溶化：溶解原盐在化盐桶中进行，化盐用水来自洗盐泥的淡盐水和蒸发工段的含碱盐水。

(2) 粗盐水精制：根据不同的预处理要求，在预处理器中分别加入精制剂，并加入一定的助沉剂，形成不同颗粒的沉淀物，并借助于压缩空气来释放气泡，进行盐泥的浮上和沉降处理，分离大部分悬浮物。

(3) 粗盐水的过滤：来自处理器的粗盐水，最后经膜过滤，借助于膜过滤的助滤层截留和约 0.2 μm 孔径的膜截留过程，得到 SS 小于 0.5×10^{-6} 的一次精制盐水。最后将精盐水自地槽用泵打到离子膜界区内，进入二次精制。

2. 离子膜电解。

离子膜电解对钙镁离子等要求极其严格。阳离子交换膜不仅能使钠离子透过，而且也能使 Ca^{2+}、Mg^{2+} 透过，在膜内形成微细的沉淀堵塞离子膜，引起槽电压升高、电流效率下降。因此，盐水必须进行二次精制。

盐水的二次精制是借助螯合树脂进行阳离子吸附交换，将盐水中的钙镁离子进一步除去，达到离子膜要求。

精制的饱和食盐水进入阳极室；纯水(加入一定量的 NaOH 溶液)加入阴极室。通电时，在食盐水溶液中同时存在 Na^+、Cl^-、H^+、OH^- 四种离子，带正电荷的 Na^+、H^+ 在电场力的作用下向阴极移动，带负电荷的 Cl^-、OH^- 在电场力的作用下向阳极移动。在阴极表面放电生成 H_2，Na^+ 穿过离子膜由阳极室进入阴极室，导出的阴极液中含有 NaOH；Cl^- 则在阳极表面放电生成 Cl_2。电解后的淡盐水从阳极导出，可经过脱氯和脱硝回收用于化盐水。电槽内盐水在直流电作用下发生电化学反应：

$$2NaCl+2H_2O \longrightarrow 2NaOH+Cl_2\uparrow+H_2\uparrow$$

3. 氯气、氢气的处理。

从电解槽出来的湿氯气和湿氢气，温度为 80℃～90℃，并为水蒸气所饱和。湿氯气具有强腐蚀性；另外，为了便于运输和使用，也需要对湿氯气进行冷却、洗涤、干燥、压缩等加工处理。氢气的纯度虽然很高，可达 99% 以上，但含有少量的碱雾和大量的水蒸气，也需要进行冷却、干燥处理。

4. 蒸发。

离子膜电解法得到的烧碱含 NaOH32% 左右，可以作为产品直接销售，也可以根据市场需求，生产更高浓度的烧碱。离子膜蒸发一般采用多效逆流减压膜式蒸发工艺，力求得到高浓度烧碱的同时，最大限度地降低能耗。

任务五　氯碱生产典型设备选择

知识目标

1. 掌握离子膜法烧碱生产核心设备；
2. 了解常用设备类型和结构特点。

能力目标

1. 能够分析离子膜法生产核心设备特点；
2. 能够进行简单设备故障的处理。

素质目标

1. 培养工艺和设备一体化流程意识；
2. 树立核心专利设备国产化的责任意识。

（一）布置任务

根据电解法烧碱生产的工艺流程，检索烧碱电解主要设备——电解槽和离子膜的种类及特点。

（二）任务总结

1. 离子膜电解槽。

分类：复极槽和单极槽。

其主要区别在于电解槽的直流电路的供电方式不同（如图 1-5）：单极式电解槽槽内直流电路是并联的，通过各单元槽的电流之和即为一台单极槽的总电流，各个单元槽的电压则是相等的，所以每台单极槽是高电流、低电压运转；而复极槽则相反，槽内各单元槽的直流电路是串联的，各单元槽的电流相等，其总电压则是各单元槽电压之和，所以每台复极槽是低电流、高电压运转，变流效率较高。

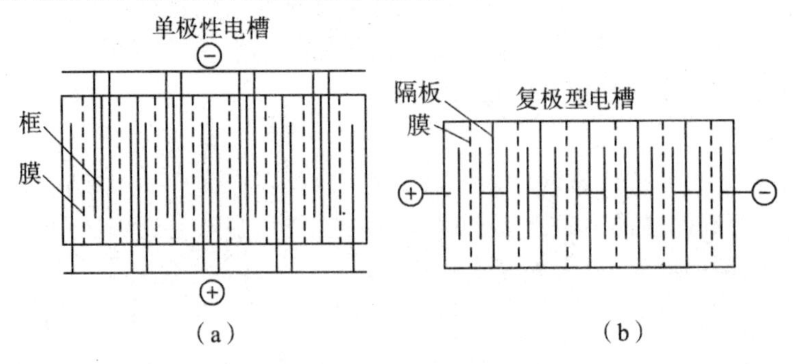

图 1-5　单级槽和复级槽的直流电接线方式

不管哪种槽型，每台电解槽都由若干个电解单元组成，每个电解单元都由阴极、阳极和离子膜组成，主要部件是阳极、阴极、隔板和槽框。在槽框中，有一块隔板将阳极室与阴极室隔开。两室所用材料不同，阳极室一般为钛，阴极室一般为不锈钢或镍。

隔板一般是不锈钢或镍和钛板的复合板。隔板的两边还有筋板，其材料分别与阳极室和阴极室的材料相同。筋板上开有圆孔以利于电解液流通，在筋板上焊有阳极和阴极，如图 1-6 所示。

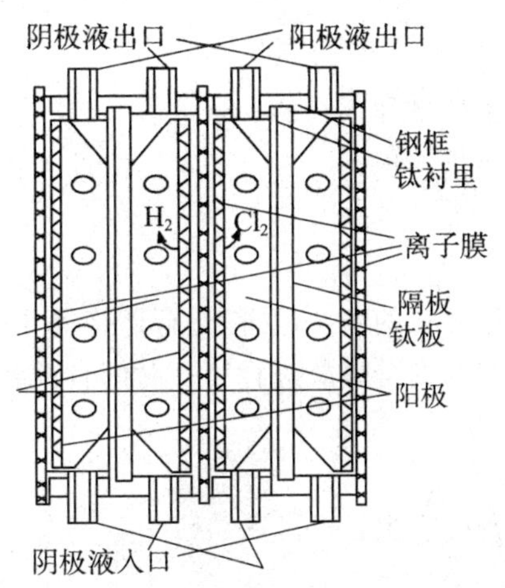

图 1-6 离子膜电解槽结构示意图

2. 离子膜。

用于烧碱生产的离子膜是一种阳离子交换膜，膜的内部有复杂的化学结构，是由四氟乙烯与具有离子交换集团的全氟乙烯基醚单体的共聚物，所以存在带负电荷的固定离子(如 SO_3^{2-}，—COO^-)和可交换的带正电荷的对离子(如 Na^+)，它的活性基团是由带负电荷的固定离子和一个带正电荷的对离子组成，也就是膜的活性基团，并用耐腐蚀的聚四氟乙烯织物进行增强。这种离子膜只允许盐水中阳离子 Na^+ 通过，而其他阴离子则无法通过。

用于烧碱生产的离子膜有三种类型：全氟磺酸膜(R_f—SO_3H)、全氟羧酸膜(R_f—COOH)、换算和羧酸的复合膜 R_f—COOH/R_f—SO_3H，可根据工艺及膜特点进行选择，结构如图 1-7 所示。

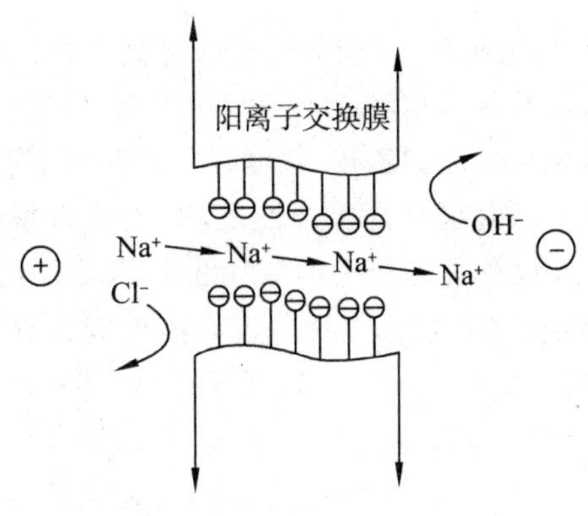

图 1-7 离子膜结构示意图

任务六　氯碱生产安全与防护

知识目标

1. 掌握离子膜法烧碱生产过程存在的安全危害；
2. 掌握生产过程劳动防护知识。

能力目标

1. 能针对烧碱生产过程存在的安全危害，进行严格操作控制；
2. 能够对生产过程出现的安全事故进行第一时间自救和呼救。

素质目标

1. 提升化工操作安全责任意识；
2. 树立社会责任意识。

（一）任务布置

通过对离子膜法烧碱生产工艺技术的学习，分析查找离子膜电解法烧碱生产过程的安全危害。

（二）任务总结

氯碱生产单元的工艺装置属于特种设备范围的居多，工艺条件、物料的特性、动静密封点的数量均增添了工艺设备被破坏爆炸的风险。而一旦发生爆炸，不仅是设备本身遭到破坏，而且常常要破坏周围的设备及建筑物，甚至产生连锁反应，酿成灾难性事故。氢氧化钠（烧碱）生产装置其主要危险、有害因素如下。

（1）腐蚀性：氢氧化钠（烧碱）为强腐蚀性物质，对人体皮肤及眼睛有强烈的刺激作用，对接触氢氧化钠（烧碱）的操作人员必须正确使用劳动防护用品，防止发生化学灼伤事故。

（2）毒害性：氯气是一种黄绿色、有刺激性气味且高度毒性的气体，人吸入少量的氯气就会发生中毒。操作人员与氯气接触必须佩戴防毒面具，紧急事态抢救时必须佩戴空气式呼吸器。氯气能与许多化学品如乙炔、乙醚、氨、烃类、氢气、金属粉末等猛烈反应发生爆炸或生成爆炸性物质。氯气也有强腐蚀性质，对金属和非金属都有腐蚀作用，生产中必须防止氯气的泄露。车间作业环境中的氯气浓度必须小于 1 mg/m^3。

（3）爆炸性：氢气为无色无臭气体，与空气混合能形成爆炸性混合物，遇热或明火即会发生爆炸，爆炸极限（体积比）：4.1～74.1。氢气比空气轻，在室内使用和储存时，漏气上升滞留屋顶不易排出，遇火星会引起爆炸。氢气与氟、氯、溴等卤素会剧烈反应。工作现场严禁吸烟，避免高浓度吸入。进入有限空间或其他高浓度作业场所，须有人监护。生产场所、储存间内的电气设备、照明、通风等设施应采用防爆型。禁止用易产生火花的机械设备和工具。

(4) 氯内含氢:隔膜电解槽的隔膜是由石棉纤维配制浆液经真空吸附在阴极网上,生产过程中产生的氯气中会含有一定量的氢气,氯气与氢气混合在一定比例时会发生爆炸。氯气与氢气的爆炸极限为5%~87.5%(体积比),因此对氯气中的氢含量要严格加以控制。隔膜电解槽工艺指标规定氯气中的氢含量单槽小于1%,氯气总含量小于0.4%。

(5) 盐水含铵:氯化钠盐水中含的铵离子、总铵在电解过程会与氯发生反应生成三氯化氮随着氯气带出,在液氯生产中积聚在液氯之中。三氯化氮是一种危险的爆炸物质,由于液氯在使用中的汽化过程,剩余液氯中的三氯化氮含量比例上升,如果达到一定数量就会发生爆炸。

(6) 触电:电解过程在高直流电压、高直流电流强度下进行,操作人员必须使用绝缘用品,穿绝缘靴子,戴绝缘手套,防止触电事故发生。

(7) 化学灼伤:化学灼伤是化工生产中常见的职业性损伤,绝大部分为生产性事故造成的,占95%。既有工厂设备失修、管理不善、制度不健全、布局不合理等原因,又有劳动者素质(工作粗心、违章操作、缺乏防护常识)等原因。化学灼伤约占各类灼伤病例数的5%或更多。化学灼伤是一种或几种化学物质致伤,该类物质是常温或高温的,直接对皮肤刺激、腐蚀及化学反应热引起的急性皮肤损害,可伴有眼灼伤和呼吸道吸入性损伤。有的化学物质可经皮肤、黏膜吸收中毒;有时灼伤面积很小而合并化学中毒致死,所以更要重视。

(8) 其他:氯碱生产单元的工艺装置有塔类、冷却换热类、罐类、泵类等设备,其中大部分属于压力容器,

对于压力容器,由于其使用条件比较苛刻,要承受大小不同的压力载荷(在许多情况下还是脉动载荷)和其他载荷,工作介质又往往具有腐蚀性,环境比较恶劣;比其他设备容易超负荷,容器内的压力会因操作失误或发生异常反应而迅速升高,导致容器被破坏;其局部区域受力情况比较复杂,如在容器开孔的周围和其他结构不连续处,常常因局部应力过高和反复的加载卸载而造成破坏;焊接容器在制造时留下的一些微小的难以发现的缺陷,更会在运行过程中不断扩展,或在适当的条件下突然发生损坏,因此,其设备事故率往往要高于其他设备。压力容器一旦发生爆炸,不仅是设备本身遭到破坏,而且常常要破坏周围的设备及建筑物,甚至产生连锁反应,酿成灾难性事故。

思考题

1. 烧碱生产方法经历了什么样的发展?
2. 离子膜法烧碱生产工艺参数有哪些?如何控制?
3. 离子膜法烧碱生产工艺流程是怎样的?
4. 简述离子膜和离子膜电解槽的相关知识。
5. 烧碱生产过程安全操作要点有哪些?

拓展学习项目　氯化氢合成生产技术

知识目标

1. 了解氯化氢合成原理；
2. 掌握氯化氢合成生产工艺技术。

能力目标

1. 能分析氯化氢合成原理；
2. 能绘制氯化氢合成的工艺流程简图；
3. 能指出在氯化氢合成中的主要设备名称及结构。

素质目标

提升化工易制毒品盐酸的管理意识。

一、氯化氢合成生产机理探究

（一）布置任务

1. 检索氯化氢的物化性质及用途；
2. 检索氯化氢合成反应机理。

（二）任务总结

1. 氯化氢的性质。

（1）性质：氯化氢（HCl），相对分子质量为 36.5，密度为 1.63 g/L，是无色具有刺激性臭味的气体，极易溶于水。在标准条件下，1 体积水中可溶解 500 体积的 HCl 气体。干燥的 HCl 腐蚀性较小，而 HCl 溶液（盐酸）却有强腐蚀性，原因是在水分子的作用下 HCl 发生了电离，产生大量的 H^+，Cl^- 可与多种物质发生反应，特别是和金属发生化学反应。因此，为了使设备不受盐酸腐蚀，具有更长的使用寿命，生产氯化氢时应该用干燥的氢气和氯气进行反应。

（2）用途：

① 主要用于制染料、香料、药物、各种氯化物及腐蚀抑制剂等，还用于大规模集成电路的生产。

② 氯化氢是制造合成材料的主要原料，可用来制造聚氯乙烯和氯丁橡胶等。

③ 化学上可用来配制标准溶液对碱性物质进行滴定。

2. 氯化氢合成原理。

氯化氢合成的主要原料是氯气与氢气，具体过程为氯气与氢气在适宜的条件（如光，燃烧或触媒）下迅速化合，发生链锁反应，其总反应的化学方程式为

$$Cl_2 + H_2 \longrightarrow 2HCl + 18.42\ kJ$$

具体反应历程如下。

(1) 链的生成:在氯气和氢气化合生成氯化氢的过程中,一个氯分子吸收光量子后,被离解成两个游离的氯原子即活性氯原子。

$$Cl_2 + hr \longrightarrow 2Cl\cdot$$

(2) 链的传递:每个活性氯原子会和一个氢分子进行作用,生成一个氯化氢分子和一个游离氢原子即活性氢原子,这个活性的氢原子接着又与一个氯分子发生作用,生成一个氯化氢分子和一个游离的氯原子,如此循环进行就构成一个链锁反应。

$$Cl\cdot + H_2 \longrightarrow HCl + H\cdot$$

$$H\cdot + Cl_2 \longrightarrow HCl + Cl\cdot$$

$$Cl\cdot + H_2 \longrightarrow HCl + H\cdot$$

(3) 链的终止:在链锁反应过程中,如果外界的因素发生改变,就会破坏链锁反应,使链传递终止,反应结束。

在氯碱企业的实际生产中,氯气与氢气在燃烧前并不混合(否则会发生爆炸反应),而是通过一种特殊的设备"灯头"使氯与氢达到均衡燃烧,生成的活化氢原子和活化氯原子的浓度相对来说是极其微小的,所以不会出现链终止的现象。

根据氯化氢的合成原理,化合时氯和氢的比例为 1∶1 的分子比,但在实际的生产操作过程中都是控制氢过剩,一般过剩量在 5%以下,最多不超过 10%,因为氢过量太多会引起爆炸等不安全因素,并且氯过剩会影响成品氯化氢的质量。

二、氯化氢合成生产工艺

(一) 布置任务

1. 了解氯化氢合成工艺路线;
2. 熟悉氯化氢合成的工艺流程。

(二) 任务总结

对于氯化氢的合成工艺,目前主要有两种方法:一种是用铁制合成炉或石墨合成炉合成氯化氢;另一种是三合一石墨法。这两种方法各有优缺点,在氯碱企业都有所应用。

上述两种方法对于合成氯化氢的流程大体是一样的,主要的工艺流程如下。

来自离子膜电解槽阴极室的原料氢气,经过氢气管道阻火器,经流量计计量后,通过调节阀进入石墨合成炉或铁制合成炉的灯头。氢气的调节是通过氢气压力自动调节阀自动调节,放空的氢气必须经过氢气阻火器后进行放空。

同样,由电解槽阳极室出来的氯气通过氯气处理后用氯气压缩机送入氯气缓冲罐,缓冲后的氯气通过流量计计量后,经截止阀、调节阀也送入石墨合成炉或铁制合成炉的灯头。

进入氯气、氢气合成炉灯头的气体以 1∶1.15~1∶1.20 的比例经过混合燃烧,生成的氯化氢气体从合成炉的顶部送出,夹套中的纯水冷却后将反应热带走。氯化氢气体再经过氯化氢的冷却器,通过冷却器夹套中的循环水使其温度降至 45℃以下,送入氯化氢缓冲罐,通过氯化氢总管送至盐酸生产和聚氯乙烯生产,流程如图 1-8 所示。

几种合成炉的区别在于，对于石墨炉来说分为双层，氢气进入灯头后走的是外层，而铁制炉的灯头为多层的套管式，氢气走二、四、六层。

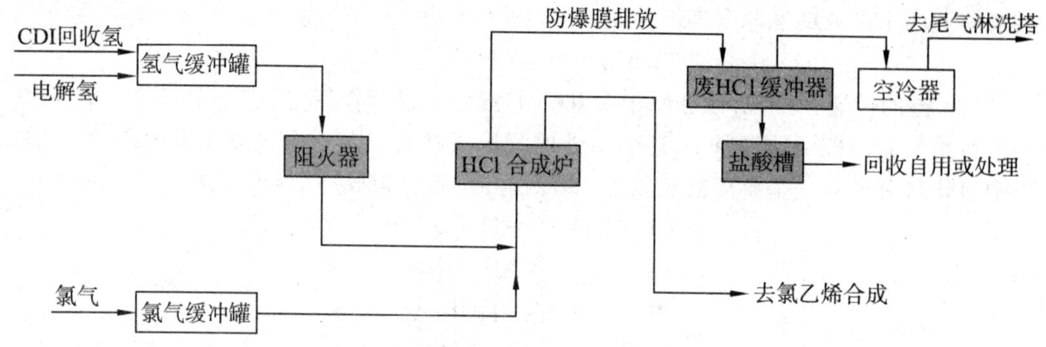

图 1-8　氯化氢合成工艺流程框图

三、氯化氢合成工艺参数

（一）布置任务

检索氯化氢合成工艺的主要控制参数（指标）。

（二）任务总结

表 1-1　氯化氢合成过程工艺控制参数

氯化氢纯度	90%～94%	氯化氢压力（炉压）	≤50 kPa
盐酸浓度	31%±1%	游离氯	≤0.04%
氯化氢温度	≤45℃	出酸温度	≤45℃
点火前氢气纯度	≥99%	点火前氯气纯度	≥85%
点火前炉内含氢	≤0.05%	系统开车炉前氢气纯度	≥99%

四、氯化氢合成主要设备

（一）布置任务

检索查找氯化氢二合一石墨合成炉的结构及材质。

（二）任务总结

合成炉是本工序的重要设备，它是集合成冷却于一体的具有容量大、生产能力大、使用寿命长等特点的二合一石墨合成炉。在合成炉顶部装有防爆膜，它是用耐高温、耐腐蚀的材料制作的，底部装有钢制或石英玻璃制的燃烧器（灯头）；燃烧器内外三层套装而成，内层是圆筒形氢气套筒，与外层套筒进入的氯气在内外套筒间的流道内均匀混合形成氢包氯向上燃烧合成氯化氢气体。燃烧火焰呈青白色，其中，中心火焰温度可达

2500℃，结构如图 1-9 所示。

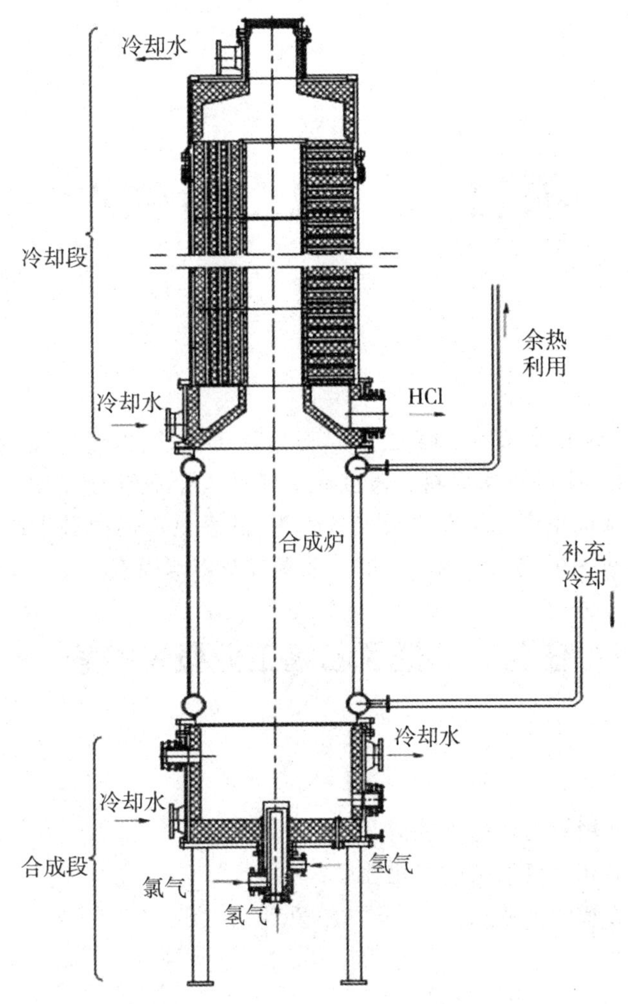

图 1-9　石墨合成炉结构示意图

项目二　氯乙烯生产

项目说明

聚氯乙烯是世界五大通用塑料之一，广泛应用于建筑、电线电缆、家用电器等行业，氯乙烯是生产聚氯乙烯的直接原料。通过本项目的学习，使学生了解氯乙烯的基本性质和用途，了解氯乙烯的生产方法和主要设备知识，熟悉氯乙烯两种生产方法的生产工艺流程及操作规程，掌握影响氯乙烯生产的工艺条件及影响因素。

任务一　聚氯乙烯工业概貌检索

知识目标

1. 了解国内外聚氯乙烯的发展情况；
2. 掌握氯乙烯和聚氯乙烯的理化性质；
3. 掌握聚氯乙烯的工业用途。

能力目标

1. 能够熟练利用工具书、网络资源等查找氯乙烯生产有关知识；
2. 能够对收集信息进行分类和归纳。

素质目标

1. 培养化工行业责任意识；
2. 建立改革化工新产品的历史使命感。

一、氯乙烯、聚氯乙烯的性质

（一）布置任务

检索氯乙烯和聚氯乙烯的基本性质。

具体任务内容包括检索聚乙烯和聚氯乙烯的英文名、分子式，以及外观、熔点、相对密度、折光率、溶解性等典型性质。

(二) 任务总结

1. 氯乙烯又名乙烯基氯(Vinyl chloride),是一种应用于高分子化工的重要单体,可由乙烯或乙炔制得。

外观与性状:无色、有醚样气味的气体,易液化,沸点为−13.9℃,临界温度为142℃,临界压力为5.22 MPa。氯乙烯是有毒物质,长期吸入和接触氯乙烯可能会导致肝癌。它与空气形成爆炸混合物,爆炸极限为4%～22%(体积参数),在加压下更易爆炸,贮运时必须注意容器的密闭及氮封,并应添加少量阻聚剂。

2. 聚氯乙烯(Polyvinylchlorid, PVC)全名为Polyvinylchlorid,分子式为$\mathrm{+CH_2CHCl+_n}$,相对分子质量为30 000～100 000。

外观:白色半透明不定型粉末,有光泽。透明度胜于聚乙烯、聚苯烯而差于聚苯乙烯。随助剂用量不同,分为软、硬聚氯乙烯。软制品柔而韧,手感黏;硬制品的硬度高于低密度聚乙烯而低于聚丙烯,在屈折处会出现白化现象。

熔点:302℃。

折射率:1.54(20℃)。

密度:1.40 g/cm^3(20℃～40℃)。

毒性:无毒、无臭。

溶解性:聚氯乙烯不溶于水、汽油、酒精,具有塑化加工时流动性好的特点。常温下可耐任何浓度的盐酸、90%以下的硫酸、50%～60%的硝酸及20%以下的烧碱溶液,此外,对于盐类亦相当稳定。聚氯乙烯树脂溶解于芳烃、氯烃、酮类及脂类。

化学性质:化学稳定性很高,没有明显的熔点;75℃～85℃时开始软化;大于100℃时开始降解出HCl;在120℃～165℃时放出HCl和各种有机氯化物,对人的生理有刺激性和麻醉性作用。特别是在锌盐、铁盐和其他金属盐类存在时,能加速它的分解,但短时间内能耐150℃～200℃的高温。

二、聚氯乙烯的分类及用途

(一) 布置任务

检索聚氯乙烯的分类和工业用途。

(二) 任务总结

1. 聚氯乙烯的分类。

根据生产方法的不同,PVC可分为通用型PVC树脂、高聚合度PVC树脂、交联PVC树脂。通用型PVC树脂是由氯乙烯单体在引发剂的作用下聚合形成的;高聚合度PVC树脂是指在氯乙烯单体聚合体系中加入链增长剂聚合而成的树脂;交联PVC树脂是在氯乙烯单体聚合体系中加入含有双烯和多烯的交联剂聚合而成的树脂。

根据氯乙烯单体的获得方法来区分,可分为电石法、乙烯法和进口(EDC、VCM)单体法(习惯上把乙烯法和进口单体法统称为乙烯法)。

根据聚合方法,聚氯乙烯可分为四大类:悬浮法聚氯乙烯,乳液法聚氯乙烯、本体法聚氯乙烯、溶液法聚氯乙烯。悬浮法聚氯乙烯是目前产量最大的一个品种,占 PVC 总产量的 80%左右。

2. 聚氯乙烯的用途。

聚氯乙烯塑料有优良的耐酸碱、耐磨、耐燃烧和绝缘性能,但是对光和热的稳定性差,在 100℃以上或光照的情况下会分解析出氯化氢,引起颜色变黄。同时,上述良好的力学和化学性能迅速下降。解决的办法是在加工过程中加入稳定剂,如硬脂酸或其他脂肪酸的镉、钡、锌盐。

聚氯乙烯塑料一般可分为硬质和软质两大类。硬制品加工中不添加增塑剂,而软制品则在加工时加入大量增塑剂。

聚氯乙烯在加工时添加了增塑剂、稳定剂、润滑剂、着色剂、填料之后,可加工成各种型材和制品。由于化学稳定性高,所以可用于制作防腐管道、管件、输油管、离心泵和鼓风机等。聚氯乙烯的硬板广泛应用于化学工业上制作各种贮槽的衬里,建筑物的瓦楞板,门窗结构,墙壁装饰物等建筑用材。由于电气绝缘性能优良,可用于电气、电子工业制造插头、插座、开关和电缆。在日常生活中,聚氯乙烯用于制造凉鞋、雨衣、玩具和人造革等!

三、聚氯乙烯工业现状

(一)布置任务

检索聚氯乙烯行业现状。

(二)任务总结

1. 世界聚氯乙烯的生产现状。

近年来,世界 PVC 树脂的生产能力稳步增长。2005 年全世界 PVC 树脂的总生产能力为 3611.5 万吨,2007 年增加到约 4341.5 万吨。随后经过近十年的发展,2013 年全球 50 个国家和地区约 150 家生产商在约 380 个生产厂生产 PVC,总产能达 5746 万吨/年,产量约 3480 万吨,产值约 400 亿美元。

全球 PVC 主要生产区域集中在亚洲、北美和西欧地区,其中排名首位的是亚洲,占总产能的 60.3%,北美次之,占 16.6%;西欧占 12.3%。这 3 个区域共占据全球总产能的 89.2%。

2. 我国 PVC 树脂生产现状。

我国 PVC 的工业生产已经有近 50 年的历史。近 10 年来,随着我国国民经济的持续高速发展以及建筑业与 PVC 加工工业对 PVC 消费的强劲拉动,国内 PVC 工业发展十分迅速,生产能力和产量发生了重大变化,已经成为世界上最主要的 PVC 树脂生产国家之一。目前,我国 PVC 的生产企业有 100 多家,2003 年生产能力只有 519.7 万吨,2007 我国 PVC 的总生产能力达到约 1534.0 万吨/年。自 2010 年以来,中国聚氯乙烯树脂产量整体保持稳步增长的态势,产量均高于 1000 万吨。但聚氯乙烯树脂产量的增长率波动较大,每年交替增减,2011 年和 2013 年增长率上涨得较快,分别为 14.6%和 16.1%;2012 年和 2014 年与上一年相比增长率均有不同程度的下滑。2014 年国内聚氯乙烯总产能已超2500万吨/年，产量乃是近5年来的最高值达到1629.61万吨。

四、拓展阅读——青岛海晶化工集团有限公司

青岛海晶化工集团有限公司是原青岛化工厂改制创立的有限责任公司，隶属于青岛海湾集团有限公司，始建于1947年，系国家重点氯碱企业、省级企业技术中心、青岛市高新技术企业。

公司占地40万平方米，搬迁前，员工1500人，资产总额近15亿元。产品包括烧碱、聚氯乙烯、氯化聚乙烯、液氯、盐酸、三氯化铁等有机和无机两大系列十几种产品。其中，烧碱产能16万吨/年，PVC树脂16万吨/年，CPE2.4万吨/年。公司海晶牌聚氯乙烯、氯化聚乙烯为山东省名牌产品，是半岛地区重要的基本化工原料生产基地之一。

1999年改制以后，公司致力于市场创新、管理创新、技术创新、制度创新，保持了较快的发展速度，完成技改投资5.9亿元，固定资产原值达到8.9亿元。工业总产值、销售收入、利税等主要经济效益指标平均每年以20%的速度增长。2006年获得首届全国大中型工业企业自主创新能力行业10强，列专用化学品制造行业第3位；2008年中国化工企业500强第213位；青岛100强企业第46位。

2008年8月12日中共青岛市委青岛市人民政府发布文件，提出了关于加快推进"环湾保护、拥湾发展"战略的若干意见。在文件中提出了调整优化城市空间布局，构筑"一主三辅多组团"城市框架构想，以及总体要求、基本原则和目标任务。董家口海湾石化产业基地是海湾集团积极贯彻青岛市委市政府战略，"积极承接大炼油、服务大炼油，发展石化深加工产业"战略发展思路的体现，也是倾力打造"一南一北"产业园区的重要举措。海晶作为海湾集团启动实现跨越式发展的龙头，本着技术国际化、装置大型化、环境生态化、管理现代化的目标要求，依托董家口特有的区位优势，瞄准国内外行业的高端技术，最大限度地做到节能、节水、节材，实现低碳经济模式。

2010年10月29日上午，海湾集团董家口石化产业基地启动暨海晶化工项目奠基仪式在胶南市董家口临港产业区举行，这也标志着让周边居民"忧心"多年的海晶化工搬迁工作启动，而新海晶也将对原有生产工艺进行全面调整、创新，要成为中国氯碱行业的排头兵。

"搬迁后的企业对原有生产工艺进行了全面调整、创新，应用了大量的先进、节能、环保技术，使企业的产出和效益倍增。"据海湾集团相关负责人表示，海晶化工搬迁项目，总的目标是建设一个技术国际化、装置大型化、环境生态化、管理现代化的氯碱化工和石化深加工企业。到2016年，全面建成海湾集团董家口石化深加工基地。

任务二　氯乙烯生产工艺路线分析与选择

知识目标

1. 了解国内外氯乙烯生产方法；
2. 掌握氯乙烯生产方法的特点。

能力目标

1. 能够熟练列举氯乙烯生产方法；
2. 能够运用节能环保和绿色化工的理念，对氯乙烯生产方法进行评价。

素质目标

1. 培养清洁生产的责任意识；
2. 提升循环经济工艺选择能力。

（一）布置任务

检索聚氯乙烯生产方法及特点。

（二）任务总结

聚氯乙烯的工业生产方法是1912年德国化学家克拉特(F Klatte)发明的，即从电石制乙炔，乙炔在高温和催化剂作用下与氯化氢加成反应，实现了规模化生产。

1940年以后，世界工业上开始以廉价的乙烯为原料，由乙烯直接氧化制二氯乙烷，再加以热裂解得到氯乙烯，其副产品氯化氢与乙炔反应制取氯乙烯，这就是早期的联合法和混合法。

聚氯乙烯的生产方法按其所用原料来源大致分为下列几种。

1. 乙炔法。

(1) 液相法。液相法系以氯化亚铜和氧化铵的酸性溶液为触媒，其反应过程是向装有含12%～15%盐酸的触媒溶液的反应器中，同时通入乙炔和氯化氢，反应在60℃左右进行，反应后的合成气再经过净制手续将杂质除去。

液相法最主要的优点是不需要采用高温，但它也有严重的缺点，即乙炔的转化率低，产品的分离比较困难。

(2) 气相法。气相法是以活性炭为裁体，吸附氯化汞为触媒(在下一节重点讨论)的方法。此法是以乙炔和氯化氢气相加成为基础。反应在装满触媒的转化器中进行。反应温度一般为120℃～180℃。此法最主要的优点是乙炔转化率很高，所需设备亦不太复杂，生产技术比较成熟，所以已为大规模工业生产所采用；其缺点是氯化汞触媒有毒，价格昂贵。另外，从长远的发展上看乙炔法成本要比乙烯法高。

2. 乙烯法。

按其所用原料大致可分为下列几种。

此法系以乙烯为原料，可通过三种不同途径进行，其中两种是先以乙烯氯化制成二氯乙烷：$C_2H_4+Cl_2 \longrightarrow C_2H_4Cl_2$，然后从二氯乙烷出发，通过不同方法脱掉氯化氢来制取氯乙烯；另一种则直接从乙烯高温氯化来制取氯乙烯，现分述如下。

(1) 二氯乙烷在碱的醇溶液中脱氯化氢(也称为皂化法)。

$$C_2H_4Cl_2+NaOH \longrightarrow C_2H_3Cl+NaCl+H_2O$$

此法是生产氯乙烯最古老的方法。为了加快反应的进行，必须使反应在碱的醇溶液中进行。这个方法有严重的缺点，即生产过程间歇，并且要消耗大量的醇和碱；此外，在生产二氯乙烷时所用的氯最后成为氯化钠形式耗费了，所以只在小型的工业生产中采用。

(2) 二氯乙烷高温裂解。

$$C_2H_4Cl_2 \longrightarrow C_2H_3Cl+HCl$$

这个过程是将二氯乙烷蒸气加热到 600℃ 以上时进行的；与此同时，还发生脱掉第二个氯化氢生成乙炔的反应，结果使氯乙烯产率降低。为了提高产率，必须使用催化剂。所用的催化剂为活性炭、硅胶、铝胶等，反应在 480℃～520℃ 下进行，氯乙烯产率可达 85%。

(3) 乙烯直接高温氯化。

这一方法不走二氯乙烷的途径，直接按下式进行。

$$C_2H_4+Cl_2 \longrightarrow C_2H_3Cl+HCl$$

由上式可以看出这一反应是取代反应，但实际上乙烯与氯在 300℃ 以下主要是加成反应，生成二氯乙烷。要想使生成氯乙烯的取代反应成为唯一的反应，则必须使温度在 450℃ 以上，而要避免在低温时的加成过程。对此，可以采用将原料单独加温的方法来解决，但在高温下反应激烈，反应热难以移出，容易发生爆炸的问题。目前一般用氯化钾和氯化锌的融熔盐类做载热体，使反应热很快移出。

此法的主要缺点是副反应多，产品组成复杂，同时生成大量的炭黑，反应热的移出还有很多困难，所以大规模的工业生产还未实现。

3. 乙烯乙炔法。

此法是以乙烯和乙炔同时为原料进行联合生产，它是以下列反应为基础的。

$$C_2H_4+Cl_2 \longrightarrow C_2H_4Cl$$

$$C_2H_4Cl \longrightarrow C_2H_3Cl+HCl$$

$$C_2H_2+HCl \longrightarrow C_2H_3Cl$$

按其生产方法，此法又可分为以下几种。

(1) 联合法。

联合法即二氯乙烷的脱氯化氢和乙炔的加成结合起来的方法。二氯乙烷裂解的副产物氯化氢，直接用作乙炔加成的原料，这免去了前者处理副产物的麻烦，又可以省去单独建立一套氯化氢合成系统，在经济上比较有利。在联合法中，氯乙烯的合成仍是在单独的设备中进行的，所以需要较大的投资。虽然如此，这种方法仍较以上各种方法合理、经济。

(2) 共轭法(亦称裂解加成一步法)。

如上所述，联合法虽较其他单独生产法合理、经济，但氯乙烯的制备仍在单独的设备中进行，仍需占用很多设备，所以还不够理想。共轭法就是在联合法的基础上进行改进的。此法系同时往一个装有触媒的反应器中加入二氯乙烷和乙炔的混合物，催化热裂解是在230℃、压力4 kg/cm^2 以下进行，二氯乙烷裂解时生成的氯化氢立即在20～50秒钟内和乙炔反应，反应的生成物再经进一步的净制处理，以将杂质除去。

共轭法最主要的缺点是很难同时达到两个反应的最适宜条件，因而使乙烯与乙炔的消耗量提高。

(3) 混合气化法。

近几年来，在烯炔法的基础上发展了一种十分经济的氯乙烯生产方法——混合气化法。这一方法以石脑油和氯气为原料，只得到氯乙烯产品，故不存在废气的利用和同时生产多种产品的问题，可以小规模并很经济地生产出氯乙烯。

这种方法特别适用于不能得到电石乙炔或乙烯的地区，或者是乙炔和乙烯价格较高的地区。由于乙炔和乙烯不需分离、浓缩和净化，没有副产物，因此不需添置分离设备，原料可综合利用，不需建立大型石油联合企业。此法的缺点是一次投资费用较大。

4. 氧氯化法。

从乙烯法的二氯乙烷(EDC)裂解制造氯乙烯(VC)的过程中，生成物除氯乙烯外还有等分子的副产物氯化氢生成，因此氯化氢的合理利用是个重要的问题。氯化氢的利用，如前所述，可以采用联合法加以回收，也可以采用氧氯化法将其作为氯源而重新使用。

氧氯化法是以氧氯化反应为基础的。所谓氧氯化反应，就是在触媒作用下以氯化氢和氧的混合气作为氯源来使用的一种氯化反应。氧氯化法就是在触媒存在下将氯化氢的氧化和烃的氯化一步进行的方法。

以乙烯为原料用氧氯化法制取氯乙烯的方法大致有下列三种形式。

(1) 三步氧氯化法。

三步氧氯化法示意图如图2-1所示。

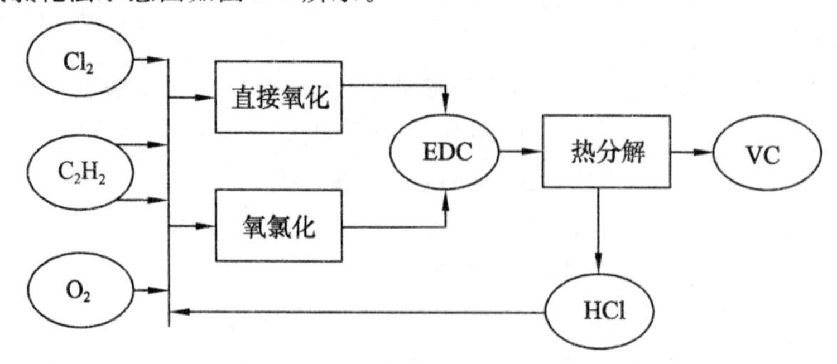

图2-1 三步氧氯化法流程示意图

其反应原理如下：

$$2C_2H_4+2Cl_2 \longrightarrow 2C_2H_4Cl_2$$

$$2C_2H_4+4HCl+O_2 \longrightarrow 2C_2H_4Cl_2+2H_2O$$

$$4C_2H_4Cl_2 \longrightarrow 4C_2H_3Cl+4HCl$$

$$4C_2H_4+2Cl_2+O_2 \longrightarrow 4C_2H_3Cl+2H_2O$$

（2）二步氧氯化法。

二步氧氯化法流程如图 2-2 所示。

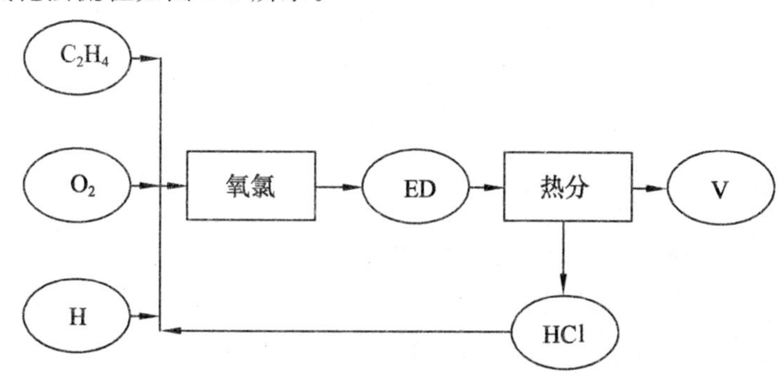

图 2-2　二步氧氯化法流程框图

其原理以下述反应为基础：

$$4C_2H_4+2Cl_2+O_2 \longrightarrow 2C_2H_4Cl_2+2H_2O$$

$$2C_2H_4Cl_2 \longrightarrow 2C_2H_3Cl+2HCl$$

$$2C_2H_4+2HCl+O_2 \longrightarrow 2C_2H_3Cl+2H_2O$$

（3）一步氧氯化法。

一步氧氯化法亦称乙烯直接氧氯化，它是直接以下式反应为基础的。

$$C_2H_4+2Cl_2+O_2 \longrightarrow 4C_2H_3Cl+2H_2O$$

一步氧氯化法如图 2-3 所示。

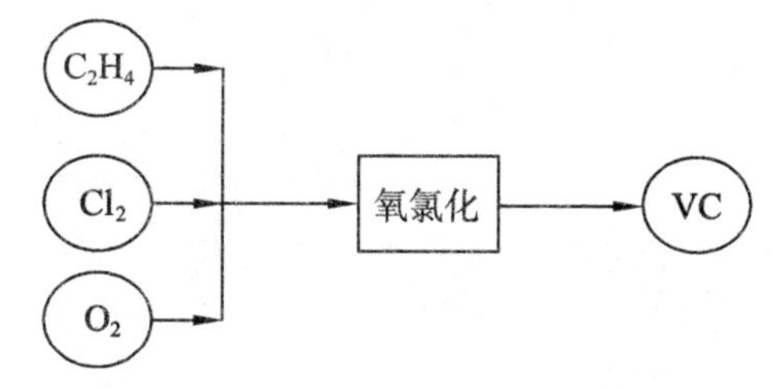

图 2-3　一步氧氯化法

由上述可以看出，三步法实际上系由乙烯氯化制二氯乙烷、乙烯氧氯化制二氯乙烷和二氯乙烷裂解制氯乙烯三种方法所组合而成，二步法则由乙烯氧氯化法和二氯乙烷裂解法组合而成。所以严格地讲，这两种方法的氧氯化反应仅是用来制造二氯乙烷，而不是直接制造出氯乙烯，其过程是将氯化氢氧化和乙烯的氯化同时在一个过程中进行。它们都是以下式反应为基础的：

$$2C_2H_4+4HCl+O_2 \longrightarrow 2C_2H_4Cl_2+2H_2O$$

这个反应需要在触媒的存在下进行。一般作为氧氯化反应的触媒，以持有可变原子价的金属氯化物最为有效；实际使用的触媒，以二价铜盐（氯化铜、硫酸铜）为主体，碱金属和碱土金属盐类（氯化钠、氯化钾、氯化镁、硫酸氢钠、硫酸钠）等作为助触媒，此外还加入稀土金属盐类作为第三成分构成复合触媒。加入助触媒的目的是用以提高氯的吸收能力和二氯乙烷的选择率，抑制乙烯的燃烧反应和触媒的升华或中毒；加入稀土元素则使之具有低温活性，以改善触媒对温度的依赖性，从而延长设备和载体的寿命。

在触媒作用下的氧氯化反应机理如下：

$$C_2H_4 + 2CuCl_2 \longrightarrow Cu_2Cl_2 + C_2H_4Cl_2$$

$$Cu_2Cl_2 + 3/2O_2 \longrightarrow CuO \cdot CuCl_2$$

$$CuO \cdot CuCl_2 + 2HCl \longrightarrow 2CuCl_2 + H_2O$$

$$C_2H_4 + 2HCl + \frac{1}{2}O_2 \longrightarrow C_2H_4Cl_2 + H_2O$$

触媒载体一般使用多孔性氧化铝、氧化镁、二氧化硅和硅藻土等。

反应器的形式很多，一般有固定床、移动床和流化床；另外，也有流化床与固定床的组合形式或者是以液相法来进行氧氯化反应的，各种形式的反应条件和经济效果也大不相同。

至于一步氧氯化法则是近年来最新的一种氯乙烯生产方法，其特点是工艺过程特别简单，在资源利用、动力消耗和经济上更为合理，但技术和设备条件要求很高，需要纯度较高的乙烯和特殊的催化剂。

5. 乙烷法

为了获得更充足的原料和更廉价的氯乙烯，当前各国正在积极研究以乙烷为原料制取氯乙烯的方法，其途径如下。

(1) 乙烷直接氯化。

将饱和碳氢化合物在不稳定的温度范围内，如在1000℃下与氯气反应，可生成相当量的氯乙烯。

$$C_2H_6 + 2Cl_2 = C_2H_3Cl + 3HCl$$

(2) 乙烷氧氯化。

$$2C_2H_6 + Cl_2 + 3/2O_2 \longrightarrow 2C_2H_3Cl + 3H_2O$$

目前这些方法已经成熟，而在实际生产中可能几种方法联合运用，以便根据原材料市场情况调整生产方法和生产负荷。

虽然工业上生产氯乙烯的方法大致上有以上几种，但是，乙烯和乙烷等均来源于石油裂解，所以，氯乙烯生产方法从生产原料上也分为电石法和石油法。这是本项目重点介绍的两种基本工艺。

由于全球石油价格上涨，我国乙烯法主要受原料乙烯、氯乙烯、二氯乙烷供应紧张，石油法化工投资高等因素的影响，石油法氯乙烯的发展受到很大生产影响，只有少数石化系统如齐鲁石化及相关企业的氯乙烯采用乙烯法。相反，电石法因投资小，装置国产化程度高，工艺流程简单、利润空间相对较大等优势，成为我国当前氯乙烯生产的主流方法。但是，随着国家对能源和资源的控制力度加大，环保压力的步步紧逼，行业整合和节能降耗成为今后的必然形势，国内电石法企业必须转变观念，降低环境污染，加强“新工艺、新设备和新材料”的开发和应用，合理引进进口设备，使装置的技术水平不断提高，增强抵御市场风险的能力，才能够在竞争激烈的市场中赢得优势，立于不败之地。

任务三 氯乙烯生产工艺流程组织

知识目标

1. 了解氯乙烯的生产流程；
2. 理解氯乙烯的生产原理。

能力目标

1. 能对氯乙烯几种主要工业生产方法进行分析比较；
2. 能对聚氯乙烯工艺进行工业化设计。

素质目标

1. 提升强化清洁生产意识；
2. 建立化工生产过程环保和循环经济理念。

一、聚氯乙烯的生产方法

（一）布置任务

利用各种信息资源查找归纳当前国内外聚氯乙烯工业生产方法和反应原理。

（二）任务总结

PVC 的生产工艺有多种，根据其单体氯乙烯的不同，生产工艺主要分为电石法制 PVC 和乙烯法(石油法)制 PVC 两种。

1. 电石法。

电石法制 PVC 是一条煤化工深加工生产路线，首先用生石灰和以焦炭为主的碳素原料生产电石，利用电石与水反应生成乙炔，乙炔与氯化氢加成反应生成氯乙烯，最终进行聚合加成反应得到 PVC，主要原理如下。

(1) 用电石制乙炔。

主反应为

$$CaC_2+2H_2O \longrightarrow C_2H_2\uparrow+Ca(OH)_2+130\ kJ/mol$$

副反应为

$$CaO+2H_2O \longrightarrow Ca(OH)_2$$

$$CaS+2H_2O \longrightarrow Ca(OH)_2+H_2S\uparrow$$

$$Ca_3P_2+6H_2O \longrightarrow 3Ca(OH)_2+2PH_3\uparrow$$

(2) 乙炔净化：利用次氯酸钠将杂质气体除去，氧化反应为

$$4NaClO+H_2S \longrightarrow H_2SO_4+4NaCl$$

$$4NaClO+PH_3 \longrightarrow H_3PO_4+4NaCl$$

$$4NaClO+AsH_3 \longrightarrow H_3AsO_4+4NaCl$$

(3) 氯乙烯合成。

在氯化汞触媒存在时,乙炔与氯化氢反应生成氯乙烯的反应为

$$CH{\equiv}CH+HCl \longrightarrow CH_2{=}CHCl+124.8\ kJ/mol$$

2. 乙烯法。

乙烯法制 PVC 是一条石油化工路线,以化工轻油、轻柴油等为主要原料,裂解制得乙烯,乙烯经直接氯化、氧氯化反应生成二氯乙烷(EDC),EDC 热裂解制得氯乙烯,最终聚合得到 PVC。其主要原理如下。

(1) 乙烯的氯化:

$$C_2H_4+Cl_2 \longrightarrow C_2H_4Cl_2$$

(2) 乙烯的氧氯化:

$$C_2H_4+2HCl+1/2O_2 \longrightarrow C_2H_4Cl_2+H_2O$$

(3) 二氯乙烷热裂解:

$$C_2H_4Cl_2 \longrightarrow C_2H_3Cl+HCl$$

二、生产工艺流程组织

(一) 布置任务

利用各种信息资源查找检索两种工艺的流程组织。

(二) 任务总结

1. 电石法——电石法氯乙烯生产流程如图 2-4 所示。

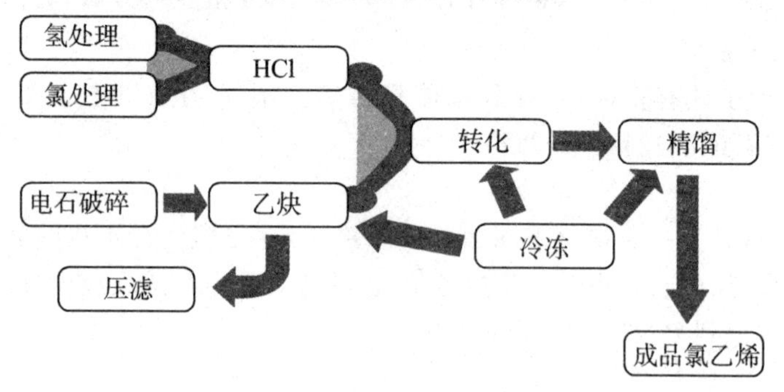

图 2-4 电石法聚乙烯生产工艺流程框图

流程组成:

(1) 电石与水在发生器内生成粗乙炔气体,分离掉夹带的水分后,进入乙炔清净塔,在塔内与塔顶喷淋下的次氯酸钠溶液逆流接触,将乙炔中含有的磷化氢、硫化氢等气体氧化成对应的酸。从清净塔顶部引出的乙炔等气体进入中和塔,在塔内与塔顶喷淋下来的碱液发生中和反应,除去酸气送往合成工序。

(2) 乙炔与氯化氢以 1∶(1.05~1.1)比例预热后,进入转化器。混合气体由转化器上部进入,通过列管中填装的吸附于活性炭上的氯化汞触媒,在一定温度下合成为粗氯乙烯气体(简称合成气)。

(3) 混合气经过脱除水分和酸,进行精馏提纯得到纯度较高的氯乙烯,并经过冷凝

成为液相氯乙烯单体，去聚合工艺。

2. 乙烯氧氯化法（石油法）。

乙烯氧氯化法生产主要流程组织包括乙烯直接氯化单元、乙烯氧氯化单元、二氯乙烷精馏单元、二氯乙烷裂解单元、氯乙烯精制单元等，流程如图 2-5 所示。

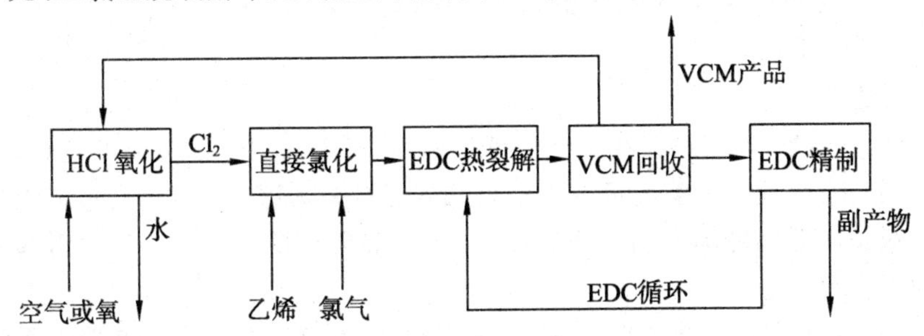

图 2-5　乙烯氧氯化法氯乙烯生产流程框图

(1) 乙烯液相与氯气在氯化塔内，在催化剂作用下，溶解在氯化液中而发生加成反应生成二氯乙烷。

(2) 来自后面工序二氯乙烷裂解装置的氯化氢预热后，与氢气一起进入加氢反应器，在催化剂作用下，进行乙炔加氢生成乙烯与原料乙烯、氯化氢、空气混合后一起进入氧氯化反应器，在催化床层发生氧氯化反应，生产二氯乙烷。

(3) 二氯乙烷经过洗涤、分层、吸收和精馏精制，除去前面反应中的副产物后，进入高温裂解炉，进行裂解，得到氯乙烯和氯化氢，并对氯化氢回收到氧氯化过程，生产纯度较高的氯乙烯单体，供聚合。

任务四　氯乙烯生产工艺参数确定

知识目标

1. 了解氯乙烯生产两种工艺路线中的影响因素；
2. 掌握两种工艺控制要点。

能力目标

1. 能对乙烯平衡氧氯化法生产氯乙烯的工艺参数进行分析、确定；
2. 能对电石法工艺参数进行分析和确定。

素质目标

1. 建立严谨操作、一丝不苟的工作态度；
2. 提升产品成本观念和意识。

一、电石法工艺参数

（一）布置任务

查找并分析各种参数对电石法生产氯乙烯的影响。

（二）任务总结

1. 乙炔的发生。

(1) 乙炔发生器的温度：发生器的温度指标为(85±5)℃。因为温度越高，乙炔在水中的溶解度越小，因此升高温度可减少乙炔的溶解损失，但温度太高，会造成大量的水分挥发，给乙炔预冷器和冷却塔加大负荷，同时温度太高易发生局部过热而引起乙炔分解和热聚，很不安全。

(2) 发生器的压力：与振动筛电流(最大不超过 10 A)、系统阻力有关。系统阻力导致发生器压力增大，主要表现在正水封液面过高，积泥、乙炔预冷器入口堵塞，冷却塔堵塞、预冷器加入水量过大。

2. 合成。

(1) 原料纯度的影响。

由于游离氯与乙炔能发生激烈反应生成氯乙炔，放出大量热引起气体瞬间膨胀，影响正常生产，因此应控制氯化氢游离氯含量小于 0.04%。

乙炔纯度要求≥98.5%，含氧≤0.4%，无硫磷。

乙炔中的磷化氢、硫化氢均能与合成汞催化剂发生不可逆的化学吸收反应，使催化剂中毒而缩短催化剂使用寿命；此外，它们还能与催化剂中的升汞反应生成无活性的汞盐。

从安全角度应控制原料气中的氧含量，乙炔与氧混合后有很宽的爆炸极限；另外，氧气可能与活性炭反应生成二氧化碳，从而带来产品分离的难度，所以一般控制氧含量小于 0.4%。

(2) 配比。

在氯化氢和乙炔合成转化中，一般氯化氢过量，以便提高乙炔的转化率。当乙炔过量时，易使触媒升汞还原为水银，造成触媒失去活性；若氯化氢过量太大，不但会增加原材料消耗，而且在合成反应中易与氯乙烯加成生成二氯乙烷，一般氯化氢过量 5%～10%。

(3) 反应温度。

反应温度对氯乙烯的合成影响很大。温度升高，反应速度加快，乙炔转化率提高。反应温度过高，副反应增加，同时由于温度过高会破坏催化剂的活性结晶表面，使氯化汞升华加剧。高温还会使乙炔聚合成树枝状聚合物沉积在催化剂表面，从而遮盖催化剂的活性中心使催化剂活性下降。因此，在工业生产中反应温度一般为 130℃～180℃。

(4) 其他因素，如原料中的水分、惰性气体、催化剂等等。

二、乙烯平衡氧氯化法工艺参数

（一）布置任务

分析各种参数对乙烯平衡氧氯化法生产氯乙烯的影响。

（二）任务总结

1. 乙烯直接氯化部分。

（1）原料配比。

乙烯与氯气的物质的量之比常采用 1.1∶1.0。略过量的乙烯可以保证氯气反应完全，使氯化液中游离氯含量降低，减轻对设备的腐蚀并有利于后处理；同时，可以避免氯气和原料气中的氢气直接接触而引起爆炸危险。生产中控制尾气中氯含量不大于 0.5%，乙烯含量小于 1.5%。

（2）反应温度。

乙烯液相氯化是放热反应。反应温度过高，会使甲烷氯化等反应加剧，对主反应不利；反应温度降低，反应速度相应变慢，也不利于反应。一般反应温度控制在 53℃左右。

（3）反应压力。

从乙烯氯化反应可以看出，加压对反应是有利的。但在生产实际中，若采用加压氯化，必须用液化氯气的办法，由于原料氯加压困难，故反应一般在常压下进行。

2. 二氯乙烷裂解部分。

（1）原料纯度。

在裂解原料二氯乙烷中若含有抑制剂，则会减慢裂解反应速度并促进生焦。在二氯乙烷中能起强抑制作用的杂质是 1,2-二氯丙烷，其含量为 0.1%～0.2%时，二氯乙烷的转化率就会下降 4%～10%。如果提高裂解温度以弥补转化率的下降，则副反应和生焦量会更多，而且 1,2-二氯丙烷的裂解产物氯丙烯具有更强的抑制裂解作用。杂质 1,1-二氯乙烷对裂解反应也有较弱的抑制作用。其他杂质如二氯甲烷、三氯甲烷等，对反应基本无影响。铁离子会加速深度裂解副反应，故原料中含铁量要求不大于 10^{-4}。水对反应虽无抑制作用，但为了防止对炉管的腐蚀，水分含量控制在 5×10^{-6} 以下。

（2）反应温度。

二氯乙烷裂解是吸热反应，提高反应温度对反应有利。温度在 450℃时，裂解反应速度很慢，转化率很低；当温度升高到 500℃左右，裂解反应速度显著加快，但反应温度过高，二氯乙烷深度裂解和氯乙烯分解、聚合等副反应也相应加速。当温度高于 600℃，副反应速度将显著大于主反应速度。因此，反应温度的选择应从二氯乙烷转化率和氯乙烯的回收率两方面综合考虑，一般为 500℃～550℃。

（3）反应压力。

二氯乙烷裂解是体积增大的反应，提高压力对反应平衡不利。但在实际生产中常采用加压操作，其原因是为了保证物流畅通，维持适当空速，使温度分布均匀，避免局部过热；加压还有利于抑制分解生炭的副反应，提高氯乙烯的回收率；加压还利于降低产品分离温度，节省冷量，提高设备的生产能力。目前，工业生产采用的有低压法（～0.6 MPa）、中压法（1 MPa）和高压法（>1.5 MPa）等几种。

（4）停留时间。

停留时间长能提高转化率，但同时氯乙烯聚合、生焦等副反应增多，使氯乙烯收率降低，且炉管的运转周期缩短。工业生产采用较短的停留时间，以获得高收率并减少副反应。通常停留时间为 10 s 左右，二氯乙烷转化率为 50%～60%。

3. 乙烯氧氯化部分。

(1) 反应温度。

乙烯氧氯化反应是强放热反应，反应热可达 251 kJ·mol^{-1}，因此反应温度的控制十分重要。升高温度对反应有利，但温度过高，乙烯完全氧化反应加速，CO_2 和 CO 的生成量增多，副产物三氯乙烷的生成量也增加，反应的选择性下降。温度升高，催化剂的活性组分 $CuCl_2$ 挥发流失快，催化剂的活性下降快、寿命短。一般在保证 HCl 的转化率接近全部转化的前提下，反应温度以低些为好。但当低于物料的露点时，HCl 气体就会与体系中生成的水形成盐酸，对设备造成严重的腐蚀。因此，反应温度一般控制在 220℃～300℃。

(2) 反应压力。

常压或加压反应皆可，一般为 0.1 M～1 MPa。压力的高低要根据反应器的类型而定，流化床宜于低压操作，固定床为克服流体阻力，操作压力宜高些。当用空气进行氧氯化时，反应气体中含有大量的惰性气体，为了使反应气体保持相当的分压，常用加压操作。

(3) 原料配比。

乙烯氧氯化反应的计量关系为 C_2H_4：HCl：O_2＝1：2：0.5(物质的量之比)。在正常操作的情况下，C_2H_4 稍有过量，O_2 过量 50％左右，以使 HCl 转化完全。实际原料配比为 C_2H_4：HCl：O_2＝1.05：2：(0.75～0.85)(物质的量之比)。若 HCl 过量，则过量的 HCl 会吸附在催化剂表面，使催化剂颗粒胀大，密度减小；如果采用流化床反应器，床层会急剧升高，甚至发生节涌现象，以至不能正常操作。C_2H_4 稍过量，可保证 HCl 完全转化，但过量太多，尾气中 CO 和 CO_2 的含量增加，使选择性下降。氧的用量若过多，也会发生上述现象。

(4) 原料气体纯度。

原料乙烯纯度越高，氧氯化产品中杂质就越少，这对二氯乙烷的提纯十分有利。原料气中的乙炔、丙烯和丁烯等含量必须严格控制。因为它们都能发生氧氯化反应，而生成四氯乙烯、三氯乙烯、1,2-二氯丙烷等多氯化物，使产品的纯度降低而影响后加工。原料气体 HCl 主要由二氯乙烷裂解得到，一般要进行除炔处理。

(5) 停留时间。

要使 HCl 接近全部转化，必须有较长的停留时间，但停留时间过长会出现转化率下降的现象。这可能是由于在较长的停留时间里，发生了连串副反应，二氯乙烷裂解产生氯化氢和氯乙烯。在低空间速度下操作时，适宜的停留时间一般为 5～10 s。

任务五　氯乙烯生产主要设备概述

知识目标

1. 了解氯乙烯生产工艺的主要设备及构造；
2. 理解设备构造与工艺控制的关系。

能力目标

1. 能画出氯乙烯生产的主要设备结构及设计目的；
2. 能够进行简单的设备事故处理。

素质目标

1. 培养工艺和设备一体化流程意识；
2. 提升设备运行维护和管理意识。

（一）布置任务

利用学过的设备基础知识，检索两种工艺的核心设备。

（二）任务总结

1. 电石法工艺的主要设备。

乙炔发生器是电石水解生成乙炔的反应器。目前国内电石法生产多采用湿法立式发生器，带有底伸式搅拌装置，安装 2～5 层搅拌耙齿，内部装有与搅拌耙齿层数相等的挡板，电石从加料口加入，经过几层挡板和搅拌与水进行反应，未反应的电石渣从底部排渣口排出，其结构如图 2-6 所示。

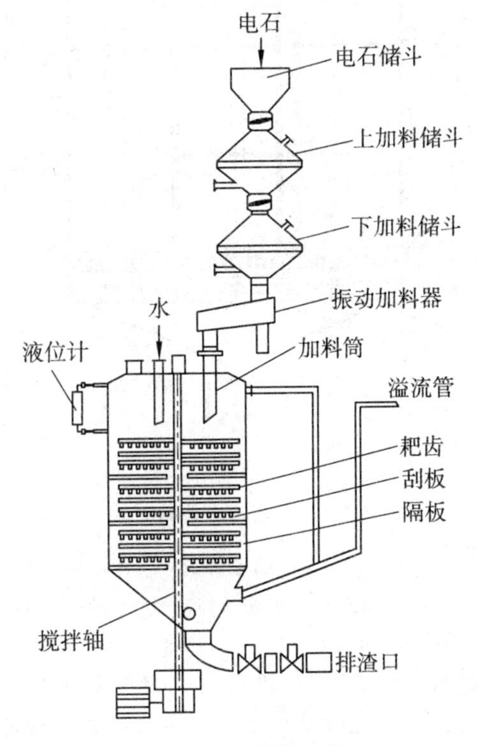

图 2-6　乙炔发生器

电石法氯乙烯合成的转化器是一种气固相接触的固定床反应器。转化器是一圆柱形列管式设备，上下盖为锥形，外壳由钢板焊接而成，内部有管板和列管。管板一般采用整板下料，材质一般采用低合金钢 16MnR，列管材质一般采用 $20^{\#}$ 或 $10^{\#}$ 优质碳钢。换热管与管板的连接是该设备制作的关键，一般用胀管法将列管固定于两端花板上，严禁管板和列管的连接部位出现焊缝。管内装触媒，管间有两块花板将整个圆柱部分隔为三层，每层均有冷却水进出口用以通冷却水带走反应热，其结构如图 2-7 所示。

2. 乙烯氧氯化法工艺的主要设备。

氧氯化反应器是乙烯氧氯化工艺的主要设备，一般采用内置旋风分离器的流化床反应器。

催化剂在流化床反应器内处于沸腾状态，床层内又装有换热器，可以有效地引出反应热，因此反应易于控制，床层温度分布均匀。这种反应器适用于大规模的生产，但缺点是催化剂损耗量大、单程转化率低。流化床反应器是钢制圆柱形容器，高度约为直径的 10 倍，其结构如图 2-7 所示。

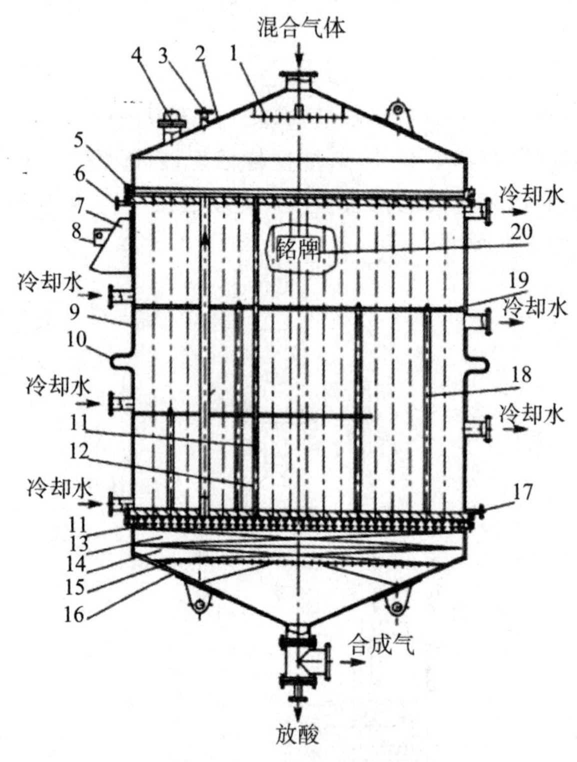

图 2-7　氯乙烯合成转化器

1—气体分布盘；2—上管箱；3—热电偶接口；4—手孔；5—管板；6—排气口；
7—支耳；8—接地板；9—亮体；10—膨胀节；11—活性炭；12—换热管；13—小瓷环；
14—大瓷环；15—多孔板；16—下管箱；17—排水口；18—拉杆；19—折流板；20—铭牌

在反应器底部水平插入空气进料管，进料管上方设置具有多个喷嘴的板式分布器，用于均匀分布进入的空气。在反应段设置了一定数量的直立冷却管组，管内通入加压热水，使其汽化以移出反应热，并产生相当压力的水蒸气。在反应器上部设置三组三级旋风分离器，用以分离回收反应气体所夹带的催化剂。在生产中催化剂的磨损量每天约有 0.1%，故需补加催化剂。催化剂自气体分布器上方用压缩空气送入反应器内，设备结构如图 2-8 所示。

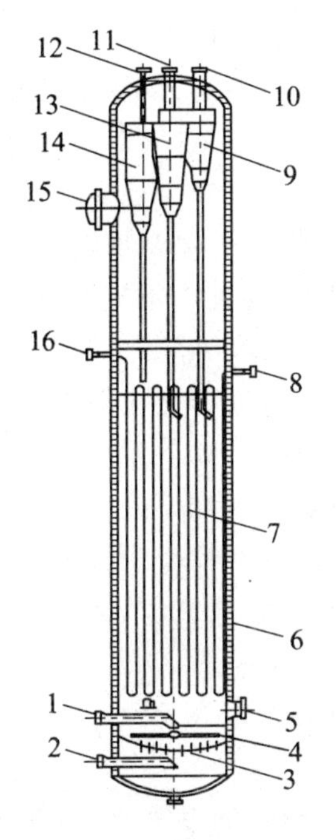

1—C_2H_4 和 HCl 入口；2—空气入口；
3—板式分布器；4—管式分布器；
5—催化剂入口；6—反应器外壳；
7—冷却管组；8—加压热水入口；
9—第三级旋风分离器；10—反应气出口；
11、12—净化空气入口；13—第二级旋风分离器；14—第一级旋风分离器；15—人孔；
16—高压水蒸气出口

图 2-8　乙烯氧氯化反应器示意图

任务六　氯乙烯生产安全与防护

知识目标

1. 了解并掌握氯乙烯生产过程安全控制要点；
2. 了解生产过程安全防护措施。

能力目标

1. 能分析查找氯乙烯生产过程存在的安全隐患；
2. 能够进行简单的安全事故自救和互救。

素质目标

1. 提升化工操作安全责任意识；
2. 建立社会责任意识。

（一）布置任务

利用学过的氯乙烯生产工艺流程、过程参数和设备基础知识，分析氯乙烯生产过程可能存在或者需要严格把控的安全要点。

（二）任务总结

PVC 在生产过程中存在着大量易燃易爆和有毒有害的物料，如电石、乙炔、氢气、氯气、氯乙烯等,加之某些工艺操作条件比较严格,所以整个生产过程火灾、爆炸、腐蚀、化学灼伤、高温烫伤的危险性较高;另外,生产过程中大量使用的机、泵等转动设备和电气设备,也容易造成机械伤害和电击伤害。

1. 火灾/爆炸。

乙炔发生、氯乙烯合成、氯乙烯聚合等工序在生产过程中的主要物料和某些催化剂等均具有易燃、易爆的特性,一旦装置发生泄漏,这些物料可迅速与空气形成爆炸性混合物,遇到点火源,就有燃烧/爆炸的危险。

电石是危险化学品,属于第4.3类遇湿易燃固体,储存、输送过程中遇水、水汽等易生成易燃易爆的乙炔气体,可能引起火灾/爆炸事故。

电石破碎、输送过程中会产生电石粉尘,也可能引起粉尘爆炸事故。

开车期间不准动火,停车动火需办理动火证,并分析含量,要求氯乙烯小于0.5%(体积分数),乙炔含量小于0.2%。系统开车前用氮气置换,排气要求氧气含量小于3%。

氯乙烯的设备、管路必须有静电导出装置,如发现有单体外溢,应立即通知有关岗位,不准启动和停止电器设备,必要时禁止一切机动车辆通行。

2. 毒性危害。

本工程各装置在生产过程中的很多物料对人体都有较强的毒害作用,如氯气、氯乙烯、氯化汞等。操作人员一旦吸入这些物料,就会发生各种急慢性中毒事故。氯乙烯为极度有害物质,急性毒性表现为麻醉作用;轻度中毒时病人出现眩晕、胸闷、嗜睡、步履蹒跚等;严重中毒时,神志不清或呈昏睡状,甚至造成死亡。皮肤接触氯乙烯液体,可出现红斑、水肿、坏死。慢性影响表现为神经衰弱综合征、四肢末端麻木、感觉减退,并有肝肿大、肝功能异常和消化功能障碍;皮肤可出现干燥、皲裂、脱屑、湿疹等;手部肢端溶骨症。国际癌症研究中心(IARC)已确认其为致癌物。如发现中毒者应立即将其移到新鲜空气处,严重者送医院抢救。

3. 污染。

传统的电石法氯乙烯生产工艺存在着明显不足,最致命的就是对环境造成极为严重的污染。合成氯乙烯所必需的触媒中的氯化汞对环境也会造成严重污染。

4. 粉尘危害。

电石库、电石加料间、电石破碎间、电石发生工序及聚氯乙烯包装等存在着一定的电石粉尘危害。

电石粉尘主要产生于拉运车辆卸载电石和电石破碎过程。工业电石是电石、生石灰和焦炭等物质的混合物,容易吸收空气中的水分而风化产生乙炔气体和氢氧化钙,电石库房内会有大量的粉尘存在。拉运电石车辆进入电石库房,由于车辆的移动,导致地面上散落的电石粉尘扬起并弥散到电石库房空间。在卸电石时,电石会对地面粉尘造成冲击而扬起粉尘,同时电石自身风化产生的粉尘也会弥散到空间。在电石破碎过程中,目前一级和二级破碎采用的是颚式破碎机,电石在破碎机内遭到强烈撞击破裂成小块电石,产生大量的粉状和小颗粒电石,虽然现在的破碎过程中都有除尘装置,但由于是传动设备,还是有一定量的电石粉尘弥散到空间。弥散到空间的电石粉尘吸附空气中的水分,产生乙炔气体和$Ca(OH)_2$粉尘。电石粉尘和$Ca(OH)_2$粉尘都容易被操作人员吸入鼻腔，并进入呼吸道，灼烧呼吸系统。电石粉尘黏附在操作人员皮肤上，在遇到出汗时还易灼伤皮肤。电石粉尘水解产生的乙炔气是易燃易爆气体，易扩散到空气中，与空气混合会形成爆炸性气体，对安全生产造成威胁。

5. 其他危害。

各装置中存在各种塔、器、高位槽、高大框架结构等，需要在高处操作、巡检和维修作业，如不采取防护措施，有发生坠落的危险。

思考题

1. 氯乙烯有哪些生产工艺和方法？
2. 简述氯乙烯生产不同工艺的流程和参数，并分析不同工艺的特点。
3. 氯乙烯生产过程主要设备有哪些？
4. 氯乙烯生产过程安全控制要点有哪些？

拓展学习项目　聚氯乙烯生产技术

知识目标

1. 了解氯乙烯聚合主要方法；
2. 掌握悬浮法聚合工艺技术。

能力目标

1. 能比较选择聚合方法；
2. 能描述分析悬浮法聚合技术工艺。

素质目标

1. 提升产品质量意识；
2. 培养化工产品以客户需求为目标的顾客理念。

一、聚合生产机理探究

（一）布置任务

检索氯乙烯聚合反应机理。

（二）任务总结

聚合反应是由单体合成聚合物的反应过程。有聚合能力的低分子原料称单体，相对分子质量较大的聚合原料称大分子单体。按反应机理分类，分为链引发、链增长和链终止 3 个基元反应。

1. 链引发。

链引发又称链的开始，主要反应有两步：形成活性中心——游离基，进而游离基引发单体。主要的副反应是氧和杂质与初级游离基或活性单体相互作用使聚合反应受阻。一般需要有引发剂进行引发，常用的引发剂有偶氮引发剂、过氧类引发剂和氧化还原引发剂等。偶氮引发剂有偶氮二异丁腈、偶氮二异丁酸二甲酯引发剂、V-50引发剂等，过氧类有BPO等。

2. 链增长。

链增长是活性单体反复地和单体分子迅速加成，形成大分子游离基的过程。链增长反应能否顺利进行，主要决定于单体转变成的自由基的结构特性、体系中单体的浓度及与活性链浓度的比例、杂质含量以及反应温度等因素。

3. 链终止。

链终止主要由两个自由基的相互作用形成，指活性链活性的消失即自由基的消失，从而形成了聚合物的稳定分子。终止的主要方式是两个活性链自由基的结合和歧化反应的双基终止，或二者同时存在。

二、聚合生产方法探究

（一）布置任务

了解本体聚合、溶液聚合、悬浮聚合、乳液聚合和微悬浮聚合五种聚合方法，并能够做出对比。

详细了解悬浮聚合法的优缺点及体系组成。

（二）任务总结

工业实施方法主要有本体聚合、悬浮聚合、溶液聚合、乳液聚合等。我国悬浮聚合法占94%，其余为乳液聚合法。

现将各实施方法比较如下。

1. 本体聚合——适用于自由基、离子型聚合反应。

(1) 定义：在不加溶剂或分散介质的情况下，只有单体本身在引发剂(有时也不加)或光、热、辐射的作用下进行聚合反应的一种方法。

基本组成：单体、引发剂。有时也加入增塑剂、抗氧剂、紫外线吸收剂和色料等。

(2) 特点：

① 聚合方法简单，生产速度快，产品纯度高，设备少；

② 易产生局部过热，致使产品变色，发生气泡甚至爆聚；

③ 反应温度不易控制，所以反应产物的相对分子质量分散性较大；

④ 产品容易老化。

2. 溶液聚合。

(1) 定义：将单体和引发剂溶解于适当溶剂中进行聚合反应的一种方法。

基本组成：单体、引发剂、溶剂。

(2) 溶液聚合的特点：

① 原料纯度要求严格；

② 反应容易控制；

③ 聚合物相对分子质量比较均匀；

④ 易实现连续化生产。

⑤ 聚合后，分离、回收、后处理复杂。

3. 乳液聚合。

(1) 定义：在用水或其他液体做介质的乳液中，按胶束机理或低聚物机理生成彼此孤立的乳胶粒，在其中进行自由基聚合或离子聚合来生产高聚物的一种方法。

体系组成：单体、水、乳化剂、水溶性引发剂。

(2) 乳液聚合的特点：

① 反应速度快，聚合物相对分子质量高(独到的)；

② 易移出反应热(水做导热介质)；

③ 乳化液稳定，利于连续生产；

④ 产物是乳胶，可以直接用作水乳漆、黏合剂；

⑤ 若最终产品为固体聚合物时，后处理复杂(凝聚、洗涤、脱水、干燥)，生产成本高。

4. 悬浮聚合。

(1) 定义：将不溶于水但溶有引发剂的单体，利用强烈的机械搅拌以小液滴的形式，分散在溶有分散剂的水相介质中，完成聚合反应的一种方法。

(2) 特点：

① 工业生产技术路线成熟、方法简单、成本低；

② 产品质量稳定、纯度较高；

③ 易移出反应热、操作安全、温度容易控制；

④ 产物粒径可以控制；

⑤ 只能间歇操作，而不宜连续操作。

(3) 基本组成：单体、水、分散剂(悬浮剂)、引发剂。

基本组成为：单体、引发剂、分散剂和水。

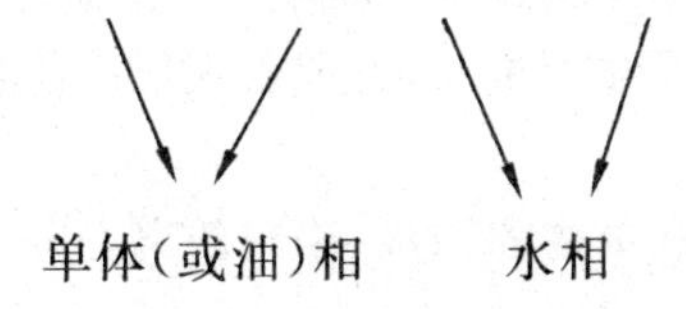

单体(或油)相　　水相

① 单体相——一般由油性单体、引发剂组成，有时也加入其他物质。

ⅰ. 单体。

油性单体(非水溶性)，必须处于液态。

ⅱ. 引发剂。

一般根据单体和工艺条件在油溶性的偶氮类和有机氧化物中选择单一型或复合型引发剂。

ⅲ. 其他组分。

根据需要，在单体中加入链转移剂、发泡剂、溶胀剂或致孔剂、热稳定剂、紫外光吸收剂等。

② 水相：

水相是影响悬浮聚合成粒机理和颗粒特性的主要因素。组成为水、分散剂和其他成分。

ⅰ. 水。

去离子的软化水。作用:保持单体呈液滴状,起分散作用;作为传热介质。

ⅱ. 分散剂。

作用:降低表面张力,帮助单体分散成液滴;在液滴表面形成保护膜,防止液滴(或粒子)黏并,防止出现结块危险。

类型:非水溶性无机粉末、水溶性高分子。

ⅲ. 其他组分。

无机盐、pH 调节剂和防黏釜剂等。

三、聚氯乙烯悬浮法生产工艺

(一) 布置任务

1. 依据聚合机理和聚合方法,分析检索氯乙烯聚合生产工艺流程;
2. 分析聚合过程中助剂的作用。

(二) 任务总结

1. 氯乙烯的悬浮聚合属于非均相的游离基型加聚连锁反应,氯乙烯单体(简称VCM)的悬浮聚合是在引发剂和分散剂作用下,以无离子水为分散和导热介质,在一定温度下借助搅拌作用进行的聚合反应。

氯乙烯聚合反应总反应为

$$nCH_2=CHCl \longrightarrow (CH_2-CHCl)_n + (96.3 \sim 108.9)\ kJ/mol$$

式中:n 为聚合度,一般在 500～1500 范围内。

悬浮 PVC 成粒过程:

PVC 不溶于 VCM 单体中,VCM 聚合具有沉淀聚合的特征,在单体液滴内形成亚微观和微观层次的各种粒子,在单体液滴或颗粒间聚并,形成宏观层次的颗粒。

工艺流程组织:

流程大约分为三大部分:氯乙烯的聚合和单体的回收;浆料的离心分离;浆料的干燥和包装,流程如图 2-9 所示。

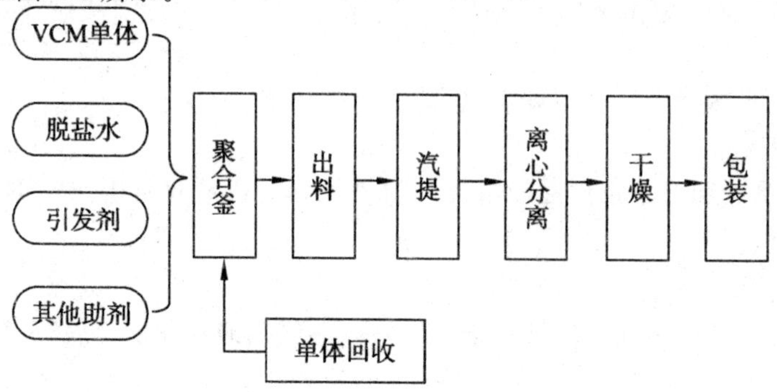

图 2-9　氯乙烯聚合过程工艺流程框图

(1) 聚合反应。

氯乙烯单体通过单体输送泵加压后通过单体分配台加入聚合釜内。开启搅拌，向釜内加入一定量氨水，然后通入热水，给物料升温至规定温度时，聚合反应开始进行并释放出热量；此时停止通蒸汽，改为只通入循环水，以便移走反应热，直至反应结束。

当单体转化率达到85%以上时，终止剂、消泡剂先后从终止剂加入小罐加入聚合釜，然后借釜内余压和出料泵将生成的浆料和未反应的单体压入接料槽。

(2) 单体回收。

出料结束后，接料槽内未反应的单体通过顶部的单体回收管，进入单体回收缓冲罐，进行回收。

(3) 浆料的离心、干燥及包装。

单体回收结束后，接料槽内的浆料用浆料泵经过滤器倒入混料槽，经过滤器送气提塔，继续回收未反应的单体，送往浆料槽暂存。

浆料槽内的浆料经离心浆料过滤器用浆料泵送离心机，浆料经初步脱水后，通过绞笼输送至气流干燥塔；旋风分离器分离后进入一次旋振筛完成粗细物料的分离，细物料(合格物料)进入小料仓，然后通过旋风分离器和星型加料器后进入大料仓，分批包装。

2. 聚合过程助剂的作用(表2-1)

表2-1 聚合工艺各类助剂成分组成和作用

助剂名称	聚合作用	常用体系主要组分
分散剂	稳定单体油滴，阻止油滴相互聚集或合并	PVA(聚乙烯醇)
		HPMC(羟丙基甲基纤维素)
引发剂	提供自由基	EHP(过氧化二碳酸二2-乙基己酯)
缓冲剂	中和 H^+，保证聚合反应在中性体系中进行	NH_4HCO_3 溶液
终止剂	终止反应和调整聚合反应速率	常用的链终止剂是聚合级的双酚A、对-叔丁基邻苯二酚(TBC)等
	紧急停车，断电情况下使用	
阻聚剂	防止回收单体自聚	对壬基苯酚

四、聚氯乙烯悬浮法生产参数

(一) 布置任务

依据聚合机理和生产工艺流程，分析悬浮聚合生产工艺参数。

(二) 任务总结

氯乙烯悬浮聚合不同牌号产品主要工艺控制条件见表2-2。

表 2-2　聚合过程工艺控制参数

平均聚合度		1300～1500	1100～1300	980～1100	800～900
操作控制条件	气密压力/MPa	0.5	0.5	0.5	0.5
	聚合温度/℃	47～48	50～52	54～55	57～58
	升温时间/min	＜30	＜30	＜30	＜30
	温度波动/℃	±(0.2～0.5)	±(0.2～0.5)	±(0.2～0.5)	±(0.2～0.5)
	聚合压力/MPa	0.65～0.70	0.70～0,75	0.75～0.80	0.80～0.85
	出料压力/MPa	0.45	0.45	0.50	0.55
	搅拌速度(r/min)	200～220	200～220	200～220	200～220

五、悬浮法聚合主要设备

（一）布置任务

依据设备基础知识和工艺要求，选择悬浮聚合主要设备——聚合釜。

（二）任务总结

聚合釜是聚氯乙烯生产装置中的关键设备，聚合釜的设计水平及制造质量直接影响着聚氯乙烯树脂的产量和质量。国内 PVC 生产聚合釜的容积可分为 4 m^3、5 m^3、7 m^3、13.5 m^3、30 m^3、48 m^3、70 m^3、108 m^3、135 m^3 几种。目前国内企业生产的大型聚合釜中，70 m^3 是最成熟的。

聚合釜一般由釜体、釜盖、夹套、搅拌器、传动装置、轴封装置、支承等组成。由于用户因生产工艺、操作条件不尽相同，聚合釜内的搅拌型式一般有锚式、浆式、涡轮式、推进式或框式。搅拌装置在高径比较大时，可用多层搅拌桨叶，也可根据用户的要求任意选配。并在釜壁外设置夹套，或在器内设置换热面，也可通过外循环进行换热。加热方式有电加热、热水加热、导热油循环加热、远红外加热、外(内)盘管加热等，冷却方式为夹套冷却和釜内盘管冷却等。支承座有悬挂式或支承式两种。转速超过 160 转以上宜使用齿轮减速机。开孔数量、规格或其他要求可根据用户要求设计、制作。

材质：1Cr18Ni9Ti、1Cr18Ni12Mo2Ti、TA2 等优质材料(可选)。如有特殊要求，可进行加衬处理，以提高材料的抗强腐蚀能力。

机械和连接结构：连接结构采用螺栓式结构或快开式卡环连接，省力快开，同时釜盖可提升，釜体可取下。采用强磁筒形回转式耦合结构，搅拌速度为 0～1000 r/min，并可根据用户需要对搅拌能力进行调节。

一般采用以立式中心搅拌聚合釜为多。以青岛某一家氯碱企业 45 m^3 聚合釜为例，其结构如图 2-10 所示。

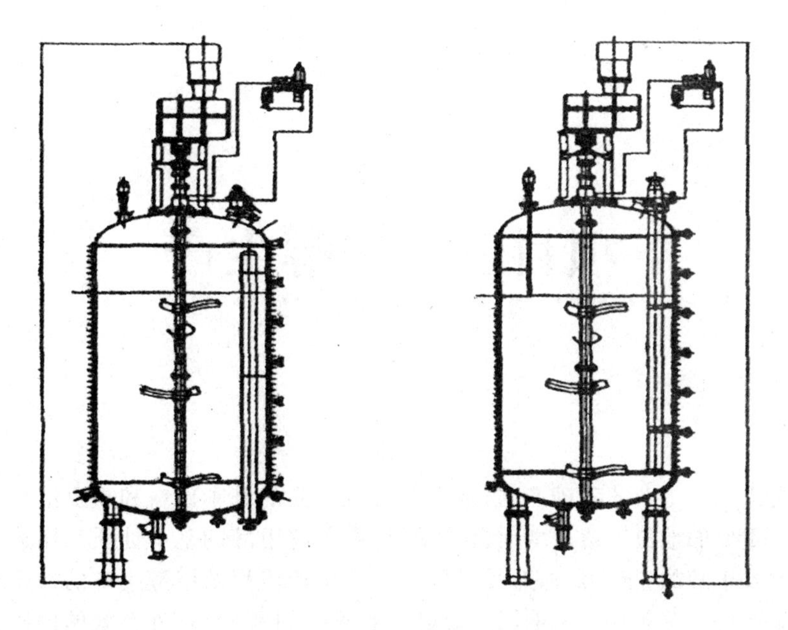

图 2-10 聚合釜结构示意图

项目三　甲醇生产

项目说明

甲醇是碳化学工业的基础产品，是多种有机产品的基本原料和重要溶剂，在国民经济中占有较重要的地位。通过本项目的学习，要了解甲醇的基本性质和用途、甲醇工业的基本情况及甲醇的生产方法，熟悉甲醇的工艺生产流程及甲醇生产的操作规程，掌握影响甲醇生产的工艺条件及影响因素；同时，在学习过程中，培养良好的团队协作能力、良好的语言表达能力和文字表达能力，以及安全生产、清洁生产的意识。

任务一　甲醇工业概貌检索

知识目标

1. 了解国内外甲醇工业的发展情况；
2. 掌握甲醇的理化性质；
3. 掌握甲醇的工业用途。

能力目标

1. 能够熟练利用工具书、网络资源等查找甲醇生产有关知识；
2. 能够对收集的信息进行归纳和分类。

素质目标

1. 良好的语言表达能力；
2. 团结协作的精神。

一、甲醇的性质

（一）布置任务

检索甲醇的基本性质，包括分子式、外观、沸点、自燃点、溶解性和典型的化学性质。

（二）任务总结

1. 物理性质。

甲醇是一种无色、略带乙醇香气的挥发性可燃液体，沸点为 64.7℃，化学式为 CH_3OH，空气中自燃点为 473℃，氧气中自燃点为 461℃，可与水互溶，在汽油中有较大的溶解度。

2. 化学性质。

(1) 氧化(或脱氢)(银催化剂，反应温度为 600℃～650℃，催化剂也可是铜、铁、钼等)。

(2) 与碱金属发生取代反应。

(3) 脱水反应：

单独脱水生成二甲醚(在催化剂和高温条件下)；

与氨反应脱水生成甲胺(在催化剂和高温、高压条件下)。

(4) 与芳胺反应生成甲基芳胺(在硫酸的存在下加压加热反应)。

(5) 酯化反应。

(6) 与氢卤酸反应生成卤代甲烷。

(7) 与亚硝酸反应生成硝基甲烷(烈性炸药)。

(8) 与乙炔反应生成甲基乙烯基醚(碱金属醇化物为催化剂)。

(9) 与一氧化碳合成醋酸(铑催化剂，150℃～220℃和 3.04 MPa)。

(10) 与异丁烯合成甲基叔丁基醚(离子交换树脂为催化剂，100℃以上)。

(11) 热分解：甲醇在常温下是稳定的，在 350℃～400℃下会分解为一氧化碳和氢。

3. 甲醇对人体的危害。

甲醇蒸气与空气或氧气可形成爆炸性混合物，遇明火易燃。甲醇与氧化剂发生强烈反应。甲醇对眼睛和皮肤有强烈刺激性，可通过皮肤、呼吸道、消化道等引起中毒。内服 5～10 mL 有失明危险，30 mL 致人死亡，空气中最高允许浓度为 50 mg/m^3。

4. 甲醇中毒的症状。

轻度中毒：头疼、头晕、轻度失眠、乏力、咽干、胸闷、腹疼、恶心、呕吐、视力减退。

中度中毒：神志模糊、眼球疼痛、由于视神经萎缩可导致失明。

重度中毒：剧烈头疼、头晕、恶心、意识模糊、双目失明、抽搐、昏迷、死亡。

5. 人身保护。

如果工作时与甲醇直接接触，必须戴合适的防护眼镜、穿防静电工作服、戴橡胶手套。流出或泄漏的甲醇必须用大量的水冲洗。衣服上若沾上甲醇，必须迅速除去，不慎沾到身体上时，应立即用肥皂及时洗涤，不能耽误。

二、甲醇的用途

（一）布置任务

检索甲醇的工业用途和下游产品。

（二）任务总结

甲醇的用途：

1. 甲醇是一种用途广泛的有机化工产品，在农药、医药、染料、香料、涂料等生产中都需要甲醇作为原料或溶剂。甲醇作为有机产品在世界范围内其产量仅次于乙烯、丙烯及纯苯等基础原料，是基本的有机化工原料。

2. 甲醇在世界范围内最大的用途是作为生产甲基叔丁基醚(MTBE)的原料，在生产甲醛和醋酸中也占有一定的比例。

3. 我国甲醇的最大用途是生产甲醛，作为生产农药和医药的原料也占有一定的比例。另外，生产醋酸和 MTBE 消耗的甲醇量也逐年上升。

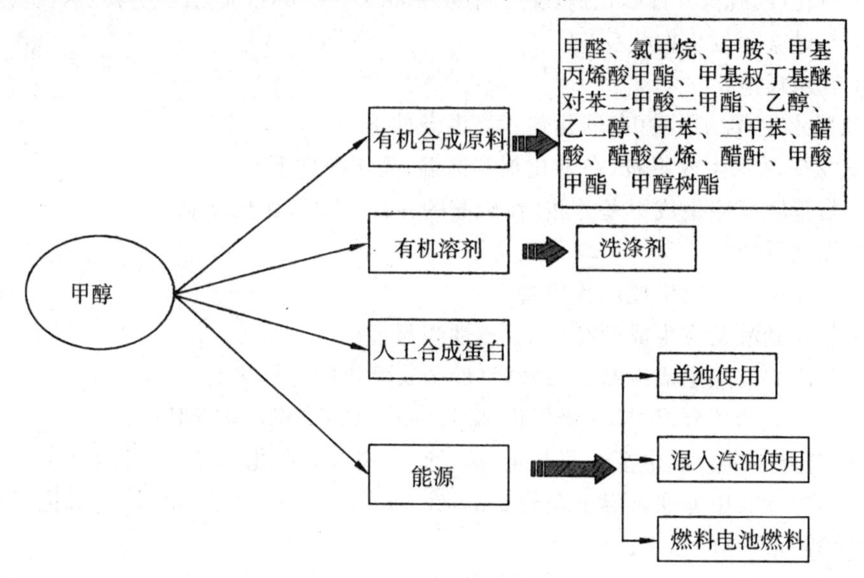

图 3-1 甲醇的用途和下游产品

三、甲醇的工业现状

(一) 布置任务

检索国内外甲醇工业发展情况。

(二) 任务总结

甲醇是一种用途广泛的基本有机产品，也是化工、医药、纺织、轻工、食品等行业不可缺少的重要原料。随着甲醇衍生产品的不断发展，以甲醇为基础的工业不仅直接关系到化学工业的发展，而且与国民经济的各个行业息息相关，甲醇的生产与消费正引起世界各国的普遍重视。

1. 国外甲醇生产现状。

世界甲醇合成的工业化始于 20 世纪初，1923 年德国 BASF 公司首先建立了一套采用 Zn-Cr 催化剂、合成压力为 30MPa、规模为 300 吨/年的高压法甲醇生产装置。自此以后，甲醇合成生产便开始迅速发展。

1966 年，英国 ICI 公司成功研制了 Cu-Zn-Al 铜系催化剂，推出了 ICI 低压甲醇合成工艺。

1971 年，德国 Lurgi 公司成功开发出采用活性更高的 Cu-Zn-Al-V 催化剂的另一著名低压法工艺——Lurgi 工艺。此后，世界上各大公司竞相开发了各具特色的低压法工艺。

目前世界上具有低压甲醇先进生产工艺的主要公司和专利商有德国鲁奇公司(Lurgi)、丹麦托普索公司(Topsoe)及林德公司(Linde)、瑞士卡萨利公司(Casale)等。

据 CMAI 数据显示，2013 年，全球甲醇产能 10324 万吨，生产主要集中在中国、中东、南美和东欧部分地区；其中，中国为 5200 万吨，中东为 1500 万吨，南美为 1120 万吨，这三个区域集中了全球产能的 3/4 以上。除中国是集生产和需求于一体外，其余两个地区均以出口为主，本地消耗的甲醇极少。甲醇消费地区主要集中在北美、东亚和欧洲；南美甲醇产能为 1120 万吨，产量约为 800 万吨，出口为 700 万吨，其中输出北美约为 600 万吨，其余少量流向欧洲。中东甲醇产能为 1500 万吨，产量约为 1420 万吨，出口为 1200 万吨，其中输出东北亚约 700 万吨，其余流向欧洲。

2. 国内甲醇概况。

中国甲醇行业自 21 世纪走上快速发展的轨道。有关检测数据显示，1995～2005 年间，我国甲醇产能年均增长率为 15%左右，2006 年生产能力突破 1000 万吨，2008 年达 2300 万吨以上，2010 年突破 3000 万吨，一举成为全球最大的甲醇生产和消费大国。2006～2007 年间年均增速 50%；2010 年至今虽然产能增速有所放缓，然而 2010 年产能增长率拉高至 38%。2013 年，我国甲醇产能为 5590 万吨。截至 2014 年底，我国甲醇产能为 6934.5 万吨，涉及失效产能为 74 万吨，合计 2014 年有效产能为 6860.5 万吨；其中，烯烃配套甲醇装置年产能为 1342 万吨，约占全国甲醇总产能的 20%。

近几年，随着产能过剩行业的兼并重组，我国甲醇生产企业已逐步往大型化、集团化发展。从甲醇装置及规模来看，目前已逐渐形成远兴能源、久泰、兖矿、中海化学等百万吨级以上规模企业，而从烯烃配套百万吨以上甲醇装置来看，神华、大唐、宁煤、宝丰、延长等企业甲醇年产能均在 150 万吨以上。

产量方面：中国甲醇产量 2014 年依然维持增加态势，据统计局数据显示，2014 年 1～12月份我国精醇产量为 3741 万吨；若以每月产量累加计算，2014 年我国甲醇产量约 3676 万吨，同比 2013 年增长率为 28.44%。

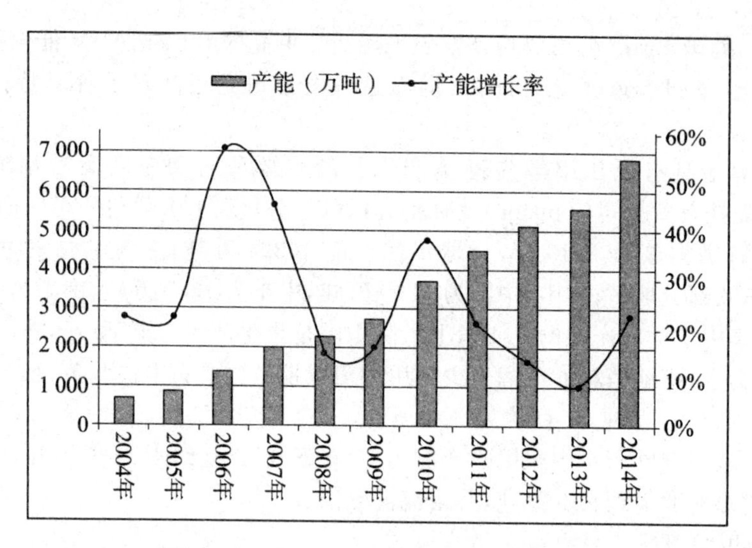

图 3-2　近年来中国甲醇产能/产能增长率

全年平均开工率为 59.8%，开工率不高的因素主要有：

(1) 2014 年新增产能过高，超过千万吨之多；

(2) 原有硫化床造气炉工艺产能及部分其他产能被淘汰；

(3) 原油大跌，价格下滑，导致天然气甲醇停车超过 600 万吨以上；

(4) 煤质甲醇设备性能存在检修循环期，全年累计导致开工率下降；

(5) 国内经济下滑，钢铁需求疲软导致焦炉气甲醇产量萎缩。

任务二　甲醇生产工艺路线分析与选择

知识目标

1. 了解甲醇的生产方法及特点；
2. 理解甲醇的生产原理。

能力目标

能对甲醇几种主要工业生产方法进行工艺分析比较。

素质目标

1. 良好的语言表达能力；
2. 一丝不苟、实事求是的工作态度。

一、甲醇生产的历史

（一）布置任务

利用各种信息资源查找甲醇生产方法的历史演变过程。

（二）任务总结

自1923年开始工业化生产以来，甲醇合成的原料路线经历了很大变化。20世纪50年代以前多以煤和焦炭为原料；50年代以后，以天然气为原料的甲醇生产流程被广泛应用；进入60年代以来，以重油为原料的甲醇装置有所发展。对于我国，从资源背景看，煤炭储量远大于石油、天然气储量，随着石油资源紧缺、油价上涨，因此在大力发展煤炭洁净利用技术的背景下，在很长一段时间内煤是我国甲醇生产最重要的原料。

二、甲醇的生产方法

（一）布置任务

利用各种信息资源查找归纳当前甲醇工业生产方法、反应原理及工业生产情况。

（二）任务总结

甲醇生产方法早期是木材干馏法，今天在工业上早已被淘汰了。目前是以含碳原料转化为碳化合物，然后合成甲醇。含碳原料目前主要是石油、煤炭，今后木材、农副产品、有机废料、城市垃圾等将成为甲醇生产的主要原料。

1. 氯甲烷水解法。

$$CH_3Cl + NaOH \longrightarrow CH_3OH + NaCl$$

NaOH也可用消石灰代替烧结。该法中氯元素以氯化钠或氯化钙的形式损失掉，原料利用率低，故没有被工业采用。

2. 甲烷部分氧化法。

$$2CH_4 + O_2 \longrightarrow 2CH_3OH$$

该法由于氧化过程不易控制，目前甲醇收率不高。但是，该法工艺流程简单，节省投资。随着技术的发展以及收率的提高，这将是一个重要的方法。

3. 由碳的氧化物与氢合成。

此法始于1923年，目前成为工业上广泛采用的方法，以合成气（CO、H_2）为原料合成甲醇。

甲醇合成反应是一个气相放热反应。

$$CO + 2H_2 \longrightarrow CH_3OH + Q$$

$$CO_2 + 3H_2 \longrightarrow CH_3OH + H_2O + Q$$

该反应的特点是有催化剂存在、体积缩小、可逆、伴有多种副反应且放热，因此低温、高压对反应有利。

甲醇合成反应选用的催化剂为铜基催化剂，主要成分为CuO、ZnO、Al_2O_3，其中有活性的是铜，必须还原后使用，还原反应为

$$CuO + H_2 \longrightarrow Cu + H_2O。$$

任务三　甲醇生产工艺参数确定

知识目标

1. 了解甲醇生产中的各种影响因素；

2. 理解各种影响因素对甲醇生产的影响。

能力目标

能对工艺参数进行分析、确定。

素质目标

1. 一丝不苟、实事求是的工作态度；
2. 安全生产、清洁生产的责任意识。

（一）布置任务

分析各种参数对合成气合成法制甲醇生产过程的影响。

（二）任务总结

1. 反应温度的确定。

由合成气合成甲醇的反应为可逆放热反应，其总速度是正、逆反应速度之差。随着反应温度的增加，正、逆反应的速度都会增加，但是吸热方向（逆反应）反应速度增加的更多。因此，可逆放热反应的总速度的变化有一个最大值，此最大值对应的温度即为“最适宜温度”，它可以从反应速度方程式计算出来。

实际生产中的操作温度取决于一系列因素，如催化剂、压力、原料气组成、空间速度和设备使用情况等，尤其取决于催化剂。

高压法锌铬催化剂上合成甲醇的操作温度是低于最适宜温度的。在催化剂使用初期为 640 K～650 K，后期提高到 650 K～680 K。温度太高，催化剂活性和机械强度很快下降，而且副反应严重。

低、中压合成时，铜催化剂特别不耐热，温度不能超过 570 K，而 470 K 以下反应速度又很低，所以最适宜温度确定为 500 K～540 K。反应初期，催化剂活性高，控制在 500 K，后期逐渐升温到 540 K。

2. 反应压力的确定。

与副反应相比，主反应是物质的量减少最多而平衡常数最小的反应，因此增加压力对合成甲醇有利。但是，增加压力要消耗能量，而且受设备强度的限制，因此需要综合各项因素确定合理的操作压力。

用 $ZnO\text{-}Cr_2O_3$ 做催化剂时，反应温度高，由于受平衡限制，必须采用高压 25 M～35 MPa，以提高其推动力。

而采用铜基催化剂时，由于其活性高，反应温度较低，反应压力也相应降至 5 M～10 MPa。

3. 原料气的组成确定。

甲醇合成原料气化学计量比为 $H_2:CO=2:1$。

如果 CO 过量，不利于温度的控制，引起羰基铁在催化剂上的积聚，使催化剂失活，因此，生产中一般采用氢气过量。

氢气过量，可以抑制高级醇、高级烃和还原性物质的生成，提高甲醇的浓度和纯度；而且，氢的导热性好，有利于防止局部过热和催化剂床层温度控制。但是，氢气过量太多，会降低反应设备的生产能力。

一般情况下，采用 Zn-Cr_2O_3 做催化剂时，选择 H_2/CO 为 4.5 左右；采用铜基做催化剂时，选择 H_2/CO 为 2.2～3.0。

4. 原料气的纯度。

原料气中有一定含量的二氧化碳时，可以降低反应峰值温度。对于低压法合成甲醇，二氧化碳含量体积分数为 5%时甲醇收率最好。此外，二氧化碳的存在也可抑制二甲醚的生成。

原料气中有氮及甲烷等惰性物存在时，使氢气及一氧化碳的分压降低，导致反应转化率下降。反应系统中的惰性气体含量应保持在一定浓度范围内。工业生产上一般控制循环气量为新鲜原料气量的 3.5～6 倍。

原料气中硫化氢存在时，会使铜催化剂中毒。

5. 空间速率。

空间速率影响选择性和转化率，直接关系到生产能力和单位时间的放热量。

适宜的空间速率与催化剂的活性、反应温度及进塔气体的组成有关。

ZnO-Cr_2O_3：35000～40000 h^{-1}

CuO-ZnO-Al_2O_3：10000～20000 h^{-1}

增加空间速率在一定程度上能够增加甲醇产量，有利于反应热的移出，防止催化剂过热，但空间速率太高会引起转化率降低、循环气量增加，从而增加能量消耗；增加分离设备和换热负荷，引起甲醇分离效果降低；带出热量太多，造成合成塔内的催化剂温度难以控制。

任务四 甲醇生产典型设备选择

知识目标

1. 了解甲醇生产所用的设备；
2. 熟悉合成反应器的结构。

能力目标

能根据反应特点进行典型设备的正确选择。

素质目标

1. 一丝不苟、实事求是的工作态度；
2. 安全生产、清洁生产的责任意识。

（一）布置任务

查找甲醇生产所用的设备要求及种类。

（二）任务总结

1. 甲醇生产设备。

甲醇生产所用的设备有合成反应器、甲醇分离器、循环压缩机，其中甲醇合成反应器是甲醇生产的核心设备。

2. 甲醇合成反应器。

甲醇合成反应器也称为甲醇合成塔或甲醇转化器，是甲醇生产系统中最重要的设备。

甲醇合成反应器的基本要求为：

(1) 在操作上，要求催化剂床层的温度易控制、调节灵活。在5.0 MPa下，合成反应器的转化率高，催化剂的生产强度大，能以较高能位回收反应热，床层中气体分布均匀，压降低。

(2) 在结构上，要求简单紧凑，高压空间利用率高，触媒装卸方便。

(3) 在材料上，要求具有抗羰基化物及抗氢脆的能力。

(4) 在制造、维修、运输、安装上要求方便。

高压法甲醇合成反应器主要由高压外筒、内筒和电热炉三部分组成。外筒是一个锻造的或由多层钢板卷焊的圆形容器；内筒由不锈钢制成，有催化剂筐和换热器两部分。

低压法甲醇合成反应器有冷激式绝热甲醇合成反应器(如图3-3所示)和列管式等温甲醇合成反应器(如图3-4所示)。冷激式绝热甲醇合成反应器把反应床层分为若干绝热段，每段间直接加入冷的原料气使反应气冷却，主要由塔体、气体进出口、气体喷头和催化剂装卸口等部件组成。该类反应器结构简单，催化剂装填方便，生产能力大。列管式等温甲醇合成反应器类似于列管式换热器，催化剂装填于列管中，壳程走冷却水，反应热由管外锅炉给水带走，同时产生高压蒸汽。通过对蒸汽压力的调节，可以方便地控制反应器内的反应温度，避免了催化剂的过热，从而延长了催化剂的使用寿命。该类反应器设备结构紧凑，反应器生产能力大，温度易于控制，单程转化率较高，循环气量小，能量利用经济。

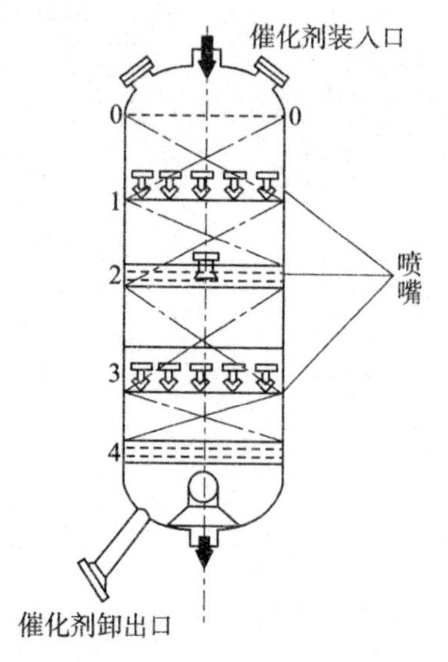

图3-3　冷激式绝热甲醇合成反应器

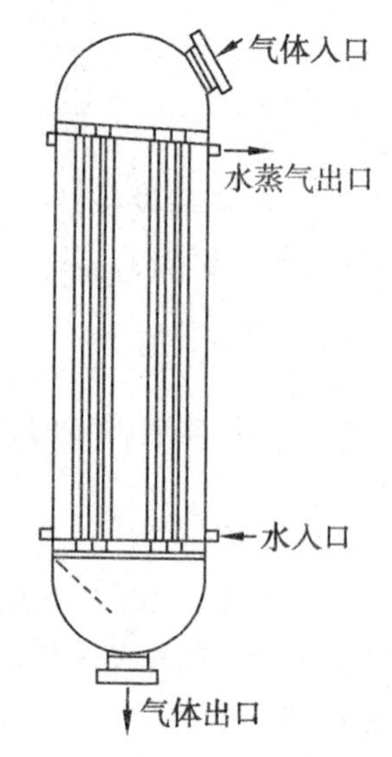

图3-4　列管式等温甲醇合成反应器

3. 甲醇分离器。

甲醇分离器由外筒与内筒两部分组成，内筒外侧绕有螺旋板，下部有几个圆形进气孔，分离器底部有甲醇排出口，筒体上装有液面计。甲醇分离器的作用是将冷凝器冷凝下来的液体甲醇进行气液分离，被分离的液体甲醇从分离器底部减压后送粗甲醇储槽。

任务五 甲醇生产工艺流程组织

知识目标

熟悉甲醇的典型生产工艺过程。

能力目标

能对甲醇生产工艺流程进行解析。

素质目标

1. 良好的语言表达能力；
2. 安全生产、清洁生产的责任意识；
3. 团结协作的精神。

（一）布置任务

解析合成气制甲醇的工艺流程。

（二）任务总结

1. 甲醇生产工艺。

碳的氧化物与氢合成甲醇的工艺过程为

原料气的制备 → 原料气的净化 → 压缩 → 合成 → 蒸馏

(1) 原料气的制备。

将天然气、石油、煤炭等原料转化为含 CO、CO_2、H_2 的合成原料气。

(2) 原料气的净化。

去除合成原料气中的 S 等有害杂质；调整氢碳比$\frac{H_2-CO_2}{CO+CO_2}=2$。

(3) 压缩。

净化后的气体压缩至合成甲醇所需要的压力，压力高低主要视催化剂的性能而定。

(4) 合成。

在催化剂、高温、高压作用下合成，得到粗甲醇。

(5) 蒸馏。

粗甲醇通过蒸馏方法除去其中有机杂质和水，而制得符合一定质量标准的较纯的甲醇。

2. 三种合成工艺的比较。

(1) 高压法。

高压法是最初生产甲醇的方法,采用锌铬催化剂,反应温度为360℃～400℃。由于脱硫技术的进步,高压法也有采用活性强的铜催化剂,以改善合成条件,达到提高效率和增产甲醇的效果。高压法已经有50多年的历史。

(2) 中压法。

中压法仍采用高活性的铜系催化剂,反应温度与低压法相同,具有与低压法相似的优点,且由于提高了合成压力,相应提高了甲醇的合成效率。出反应器气体中的甲醇含量由低压法的3%提至5%。目前,工业上一般中压法的压力为9.8 MPa左右。

(3) 低压法。

低压法是20世纪60年代后期发展起来的,主要由于铜基催化剂得到了工业应用。铜系催化剂的活性高于锌系,其反应温度为240℃～300℃,因此在较低压力下即可获得相当的甲醇产率。开始工业化时选用的压力为4.9 MPa。铜系催化剂不仅活性好,且选择性好,因此减少了副反应,改善了粗甲醇质量,降低了原料的消耗。显然,由于压力低,工艺设备的制造比高压法容易得多,投资少,能耗约降低1/4,成本亦降低,显示了低压法的优越性。

(4) 甲醇生产方法主要操作条件比较(表3-1)。

与高压法工艺相比,中、低压法工艺在投资和综合技术经济指标方面都具有显著的优势。以天然气为原料的甲醇厂,高压法能耗每吨甲醇达64.8GJ,而大型低压法装置为29.5～31.5GJ/t。1970年代后国外新建的大中型甲醇装置全部采用低压法,超大型装置(大于50万吨/年)采用中压法,高压法渐趋淘汰。

从目前国内外甲醇工业发展情况来看,预计以副产蒸汽、等温合成为特征的中低压合成工艺将是今后相当长一段时期内甲醇合成的主流工艺。

表3-1 甲醇生产方法主要操作条件比较

项目	高压法	中压法	低压法	联醇法
催化剂	锌铬催化剂	铜基催化剂	铜基催化剂	铜基催化剂
压力	20 M～30 MPa	10 M～20 MPa	4 M～10 MPa	12 MPa
温度	340℃～380℃	270℃左右	210℃～260℃	240℃～280℃
特点	投资及生产成本高	设备紧凑	设备庞大	与中小型合成氨联合

任务六 甲醇安全生产与防护

知识目标

1. 熟悉甲醇的贮存方法;
2. 了解甲醇的防护和应急处理方法;

3. 了解甲醇使用、生产中事故产生的原因。

能力目标

能排除甲醇贮存、使用和生产中的事故。

素质目标

1. 良好的语言表达能力；
2. 一丝不苟、实事求是的工作态度；
3. 安全生产、清洁生产的责任意识。

一、甲醇安全生产与防护

（一）布置任务

利用各种信息资源查找甲醇的贮存方法、防护及应急处置方法。

（二）任务总结

1. 甲醇的贮存。

甲醇是中闪点易燃液体，爆炸极限的上限为 5.5%，下限为 36.5%，闪点为 284 K，自燃温度为 658 K；其蒸气与空气可形成爆炸性混合物，遇明火、高热能引起燃烧爆炸。与氧化剂能发生强烈反应，其蒸气比空气重，能在较低处扩散到相当远的地方，遇火源引着回燃。若遇高热，容器内压力增大，有开裂和爆炸的危险，燃烧时无火焰。

甲醇贮存应注意：

(1) 储存于阴凉、通风的库房。远离火种、热源。库温不宜超过 30℃。保持容器密封。应与氧化剂、酸类、碱金属等分开存放，切忌混储。

(2) 采用防爆型照明、通风设施。禁止使用易产生火花的机械设备和工具。储区应备有泄漏应急处理设备和合适的收容材料。

(3) 操作注意事项：密闭操作，加强通风；操作人员必须经过专门培训，严格遵守操作规程。

(4) 建议操作人员佩戴过滤式防毒面具(半面罩)，戴化学安全防护眼镜，穿防静电工作服，戴橡胶手套。远离火种、热源，工作场所严禁吸烟。

(5) 使用防爆型的通风系统和设备。防止蒸气泄漏到工作场所中；避免与氧化剂、酸类、碱金属接触。

(6) 灌装时应控制流速，且有接地装置，防止静电积聚。配备相应品种和数量的消防器材及泄漏应急处理设备。倒空的容器可能残留有害物。

灭火方法：用泡沫、二氧化碳、干粉、沙土灭火剂灭火，用水灭火无效。

2. 甲醇的防护及应急处置方法。

(1) 个人防护措施。

呼吸系统防护：可能接触其蒸气时，应该佩戴过滤式防毒面罩(半面罩)。紧急抢救或撤离时，建议佩戴空气呼吸器。

眼睛防护：戴化学安全防护眼镜。

身体防护：穿防静电工作服。

手防护：戴橡胶手套。

其他：工作现场禁止吸烟、进食和饮水。工作毕，淋浴更衣。实行就业前和定期的体检。

（2）急救措施。

皮肤接触：脱去被污染的衣着，用肥皂水和清水彻底冲洗皮肤。

眼睛接触：提起眼睑，用流动清水或生理盐水冲洗。就医。

吸入：迅速脱离现场至空气新鲜处。保持呼吸道通畅。如呼吸困难，给输氧。如呼吸停止，立即进行人工呼吸。就医。

食入：饮足量温水，催吐，用清水或1%硫代硫酸钠溶液洗胃。就医。

（3）泄露应急处理。

甲醇泄露时，应立即疏散泄露污染区人员至安全区，并禁止无关人员进入污染区。切断火源，建议应急处理人员戴好防毒面具，穿一般消防防护服。不要直接接触泄漏物，在确保安全的情况下堵漏。用喷水雾的方法会减少蒸发，但不能降低泄漏物在受限制空间内的易燃性。用大量水冲洗，经稀释的洗水放入废水系统，也可用沙土或其他不燃性吸附剂混合吸收，然后使用无火花工具回收贮存运至废料堆处理，如大量泄漏，利用围堤收容，然后收集、转移、回收或无害处理后废弃。

3. 甲醇生产中的不正常现象及处理方法。

甲醇生产中常见的异常现象及处理方法见表3-2。

表3-2　甲醇生产中常见的异常现象及处理方法

异常现象	原因	处理方法
1. 催化剂层温度急剧升高	① 由于CO含量突然升高所致 ② 循环机故障 ③ 操作失误	① 应立即加大循环量，加开备用机，打开塔副线，必要时关小主线阀，但需留两圈以上，并立即通知变脱工段调整CO指标，如果超温严重可减机、减量或紧急停车处理 ② 立即开备用机，排除故障，如果没有备用机可停车，同时开大塔副线，关小塔主线，立即抢修故障循环机 ③ 纠正操作，稳定温度
2. 催化剂层温度突然降低	① CO含量突然降低 ② 带醇	① 应减小循环量，关闭塔副线，必要时则用电加热器，用时通知变脱工段提高CO指标 ② 可迅速放低醇分液位，减循环量，启用电加热器，必要时可减机
3. 压力升高超压	① 负荷过重 ② 气质差 ③ 弛放气量小	① 减少负荷 ② 提高气质 ③ 加大弛放气量排放
4. 压差过大	① 循环量过大 ② 催化剂阻力大	① 减小循环量 ② 调整工艺指标或更换催化剂
5. 排出口温度过高	① 冷排负荷重 ② 冷排上水量小 ③ 二次水温度高 ④ 冷排结垢严重	① 加大上水量 ② 加大上水量 ③ 降低二次水温度或调用一次水 ④ 清洗冷排

二、拓展阅读——催化剂的选择与使用

(一) 甲醇合成催化剂

不同条件下,合成气制甲醇选择的催化剂不同,见表 3-3。

表 3-3 合成气制甲醇选择的催化剂

方法	催化剂	条件		备注	特点
		压力,MPa	温度,℃		
高压法	ZnO-Cr_2O_3 二元催化剂	25～30	380～400	1924 年工业化	① 催化剂不易中毒,再生困难 ② 副反应多
低压法	CuO-ZnO-Al_2O_3 三元催化剂	5～10	220～270	1966 年工业化	① 催化剂易中毒,再生容易,寿命为 1～2 年 ② 副反应少
中压法	CuO-ZnO-Cr_2O_3 三元催化剂	10～15	220～270	1970 年工业化	

常见的 XCN-98 型催化剂,用于低温低压下由一氧化碳与氢合成甲醇,可适用于各种类型的甲醇合成反应器,具有低温反应活性高、热稳定性好的特点。

表 3-4 XCN-98 型催化剂的化学组成

组分	CuO	ZnO	Al_2O_3
质量分数,%	＞52	＞27	＞8

表 3-5 XCN-98 型催化剂的特性

外观	直径×高,mm	堆密度,10^3 kg/m^3	径向抗压碎强度,10^2 N/m
有黑色金属光泽的圆柱体	5×(4.5～5)	1.3～1.5	＞270

(二) 催化剂的使用

1. 催化剂的活化。

(1) 催化剂活化原理。

低压合成甲醇的催化剂,其化学组成是 CuO-ZnO-Al_2O_3,只有还原成金属铜才有活性。过程中应严格控制铜基催化剂还原反应的速率。

还原过程可分为活化、氮气流升温、还原等。

$$CuO\text{-}ZnO\text{-}Al_2O_3 \xrightarrow[\text{缓慢地升温},20℃/h]{0.4\ MPa,99\%N_2} \underset{160℃\sim170℃}{CuO\text{-}ZnO\text{-}Al_2O_3} \xrightarrow[H_2、CO]{\text{还原性气体}} Cu\text{-}ZnO\text{-}Al_2O_3$$

(2) 活化操作。

在催化剂还原前应对系统试漏,用氮气净化这个循环回路使得氧气含量小于0.1%,然后把压力提高到适当值。

注意事项:

① 必须严密监视床层温度(或出口温度)的变化。

② 控制还原反应速率(严格控制氢浓度在允许范围内,并要求升温平稳、出水均匀)。

③ 活化过程中应遵守“提氢不提温、提温不提氢”的原则。

④ 计量排出的水,是鉴别还原是否完全的一个手段。

⑤ 活化终点判断:温度不再增加而且氢气的进出口浓度相同时。

2. 催化剂的使用。

(1) 应避免空气进入反应器,以防被氧化。

(2) 净化原料气,防止催化剂中毒。

(3) 控制温度在催化剂所允许的范围内。

(4) 逐渐提压至能维持轻负荷生产的压力。

(5) 正常生产时,要保持操作条件稳定。

(6) 开车时,要缓慢地升温和升压。

(7) 严格控制催化剂中毒物质含量。

3. 停车时催化剂的操作。

(1) 紧急停车。

如下的过程是用于催化剂的紧急停用,停用时间不超过 24 小时。它不会影响合成回路(比如,合成器的损失或压缩机的跳车)。

① 停加合成气。

② 循环段继续运行,以使循环中所有的一氧化碳和二氧化碳都反应完全以至循环回路中只含有氢气和惰性气体。

③ 一旦温度开始下降,投用开工加热器并降低气体的循环比直至使催化剂的温度维持在 200℃以上。可能还需要采用降低反应的压力的方式来降低循环比,甚至可能在第一、第二步后停止循环,把压力减到开工时所需的压力水平。

④ 维持这种状况直到压缩机再次输出合成气时。

(2) 正常停车。

下面的步骤是用于催化剂的正常停用,比如按照计划对装置进行维修。

① 同紧急停用程序的第一、第二步一样。

② 主控把压缩机转速降到最小值并降低回路的压力,以冷却合成塔。

③ 当压缩机仍转动,用氮气置换回路并使氢气的浓度小于 1%。

用惰性气体冲压保护催化剂,防止它在环境温度下与氧气反应。如果管道有裂缝,那么一定要防止空气进入催化剂设备中。

(3) 意外停车。

上面所有步骤都不能使用。

如果压缩机故障,合成气将会留在回路中,循环回路中的压力下降得很慢。这个过程将持续约 24 个小时。不过,通常是在恢复循环以前降低回路的压力,以便可以通过开工加热器来维持一个最小温度 200℃,这时循环已经启动,并以最小速度运行。

如果是管式冷却合成塔,在停车后应该投用降压连锁程序。然后进入合成塔的气体逐渐会冷却催化剂床层。

思考题

1. 甲醇的生产方法主要有哪几种?
2. 写出一氧化碳和氢气合成甲醇的主、副反应的化学方程式。
3. 制取合成气的原料路线有哪些?
4. 影响甲醇合成的因素有哪些?
5. 对甲醇合成反应器材质有什么要求?
6. 简述合成气制甲醇的工艺流程。

项目四　纯碱生产

项目说明

纯碱是重要的基本工业原料，主要用于化学、玻璃、冶金等工业。通过本项目的学习，要了解纯碱的基本性质和用途，纯碱工业的基本情况及纯碱的生产方法，熟悉纯碱的工艺生产流程及纯碱生产的操作规程，掌握影响纯碱生产的工艺条件及影响因素；同时，在学习过程中，培养良好的团队协作能力、良好的语言表达能力和文字表达能力，以及安全生产、清洁生产的意识。

任务一　纯碱工业概貌检索

知识目标

1. 了解国内外纯碱工业的发展情况；
2. 掌握纯碱的理化性质；
3. 掌握纯碱的工业用途。

能力目标

1. 能够熟练利用工具书、网络资源等查找纯碱生产有关知识；
2. 能够对收集的信息进行归纳和分类。

素质目标

1. 良好的语言表达能力；
2. 团结协作的精神。

一、纯碱的性质与用途

（一）布置任务

检索纯碱的基本性质，包括俗名、英文名、化学式，以及外观、熔点、相对密度、溶解性、典型性质。

检索纯碱的用途。

（二）任务总结

1. 纯碱的基本性质。

碳酸钠，俗名纯碱、苏打，英文名称为 Sodium Carbonate，是一种重要的基本化学工业产品。化学式为 Na_2CO_3，相对分子质量(按 2007 年国际原子量)为 105.99。结晶水合物为 $Na_2CO_3 \cdot 10H_2O$，系白色固体，易溶于水，得无色溶液。纯碱(soda)不是碱，属于盐。

化学“三苏”：苏打(Na_2CO_3)；小苏打($NaHCO_3$)；大苏打($Na_2S_2O_3$)。

2. 物理性质。

(1) 纯碱为白色结晶粉末或细小颗粒。

(2) 纯碱易溶于水，并大量放热(25℃时，1 mol Na_2CO_3 溶于 200 mL 水放热 24.57 kJ)，水溶液呈碱性。

(3) 纯碱的密度(25℃)为 2.533 g/cm^3。由氨碱法制得的纯碱的堆积密度随制造方式不同而异。

(4) 纯碱的熔点为 854℃，在 20℃时的比热熔为 1.042 kJ/(kg·K)。

3. 化学性质。

(1) 能与某些碱反应，如：

$$Na_2CO_3 + Ca(OH)_2 \longrightarrow CaCO_3 \downarrow + 2NaOH$$

(2) 能与某些盐反应，如：

$$Na_2CO_3 + CaCl_2 \longrightarrow CaCO_3 \downarrow + 2NaCl$$

(3) 能与酸反应，如：

$$Na_2CO_3 + HCl \longrightarrow NaHCO_3 + NaCl$$

$$NaHCO_3 + HCl \longrightarrow NaCl + CO_2 \uparrow + H_2O$$

总反应：$Na_2CO_3 + 2HCl \longrightarrow 2NaCl + CO_2 \uparrow + H_2O$

4. 纯碱的用途。

纯碱是一种重要的无机化工原料，一个国家消耗纯碱的水平，基本代表了该国家化学工业水平及工业化进程。纯碱广泛应用于国民经济的各个领域，既可用于基本化工原料，也可用于基本工业原料；主要用于化工、玻璃、冶金、造纸、纺织、印染、合成洗涤剂、肥皂、日用化工、日用玻璃、洗衣粉、石油化工等工业，用途极其广泛。

(1) 制造玻璃：如平板玻璃、光学玻璃等。

(2) 制肥皂。

(3) 使硬水变软水。

(4) 石油和油类的碱精制。

(5) 冶炼工业：用于选矿。

(6) 化学工业：用于制取钠盐、碳酸盐、漂白粉、填料、催化剂及染料等。

(7) 陶瓷工业：用于耐火材料和釉。

(8) 洗涤、印染、漂白及其他。

二、纯碱工业现状

（一）布置任务

检索国内外纯碱工业发展情况。

（二）任务总结

1. 纯碱行业的基本情况。

纯碱作为基础化工原材料，广泛用于玻璃、冶金、化工以及日常生活等领域，它在国民经济中占有极为重要的地位，被誉为“化工之母”，其生产量和消费量是衡量一个国家工业生产水平的重要指标之一。自1861年索尔维制碱技术问世以来，世界纯碱行业经历了几次大的飞跃。目前的主要生产方法是合成法制碱和天然碱加工两种，其中合成法制碱主要有联合制碱和氨碱法（索尔维）制碱两种工艺。在美国、肯尼亚、博茨瓦纳等国家主要以天然碱加工形式生产纯碱，其他国家则以合成纯碱为主。

纯碱广泛用于国民经济的各个方面，主要用于化学工业和玻璃工业，此外还用于冶金、造纸、印染、合成洗涤剂、石油化工、食品等工业部门。

2. 行业发展状况。

① 纯碱产品全球市场情况。

我国和美国是世界前两大纯碱生产国。根据《2010年国外纯碱工业概况与动态》数据，2010年世界纯碱产能为6300万吨/年，其中中国占38.6%、美国占22.8%；纯碱产量为4600万吨，其中中国占44.5%、美国占22.9%。

根据IHS化学公司最新发布的《2014全球纯碱市场分析》报告称，得益于建筑和汽车工业复苏，未来十年全球纯碱需求将增长近34%。报告指出，目前全球纯碱消费量超过了5500万吨/年，到2023年将增加至近7300万吨/年。报告指出，未来十年，全球纯碱市场需求将以年均2.9%的速度增长，但存在很大的地区差异性。

我国仍将引领全球纯碱需求增长，2023年前的年均增速将达到5%；印度需求增速紧随其后。

纯碱需求增长率与GDP成正比，不同地区的比例关系取决于当地经济发展布局，单位GDP的纯碱消耗量与当地经济发展的成熟度成反比。新兴经济国家或地区特别是中国以及东南亚、南亚和南美地区，纯碱的需求量将持续增长。发达国家以纯碱为原料的产业发展已相对成熟、稳定，再加上纯碱替代品和商业竞争压力，纯碱需求增长空间有限。

② 纯碱产品国内市场情况。

根据《我国纯碱工业“十二五”发展趋势分析》介绍，1990～2008年，我国纯碱产量年均递增9.1%，纯碱进出口模式从原先“净输入”转变为“净输出”，纯碱产业总体供需结构从“满足内需型”向“对外输出型”转变。

我国的纯碱工业集中了氨碱法、联碱法、天然碱法三种生产工艺。根据中国纯碱工业协会公布的数据，报告期内我国纯碱产能和产量均呈现逐年快速上升趋势，纯碱产能由2002年的1100万吨/年上升到2014年的3100万吨/年，复合增长率为9%；产量由

2002年的1011万吨上升到2014年的2515万吨，年复合增长率为7.9%。目前我国纯碱装置联碱法最多，氨碱法其次，天然碱法由于资源限制占较小比例。

③ 行业技术水平。

纯碱生产技术经历了近150年的发展，已经十分成熟。纯碱的生产方法基本可分为天然碱加工法和化学合成法，其中化学合成法又分为氨碱法和联碱法。

天然碱法的原料是天然矿物碱，和化学合成法相比，天然碱法的加工成本低廉，产品品质好，其综合竞争力最强。全球纯碱产量中有1/3的纯碱是由天然碱法生产的，但主要集中在美国。在我国，由于天然碱资源较为缺乏，纯碱生产以氨碱法和联碱法为主。

国内纯碱生产工艺情况为：氨碱法占41%，联碱法占53%，天然碱法占6%。

3. 纯碱产品的分类情况。

(1) 按照原料及生产工艺分类。

天然碱法：原料是天然矿物碱，经煅烧、过滤、结晶即可制得纯碱。

氨碱法：以氨气、工业盐、石灰石为原料来制取纯碱。

联碱法：原料是氨、工业盐和二氧化碳，将氨碱法和合成氨法两种工艺联合起来同时生产纯碱和氯化铵两种产品的方法。

(2) 按堆积密度区分。

轻质纯碱：轻质纯碱的堆积密度为500～600 kg/m^3，主要用于煤染剂、轻泻剂、玻璃制造、造纸、洗涤剂、颜料填充及塑料工业等的原料。

重质纯碱：重质纯碱的堆积密度为1000 kg/m^3，主要应用于玻璃、冶金、石油化工、纺织、医药、合成纤维、化肥、造纸、食品等行业。

三、拓展阅读——山东海化集团有限公司

山东海化集团有限公司位于渤海莱州湾南岸，世界风筝之都潍坊市西北部，是于1995年8月由原潍坊纯碱厂和山东羊口盐场两个国有大型企业为龙头组建的，以发展海洋化工新兴产业为主导，集科、工、贸等为一体的现代化特大型企业，现为“全国120家试点企业集团”和山东省重点培育的大型骨干企业集团之一，综合实力居全国同行业首位。

集团现有职工21000余人，资产总额140多亿元，下设43个分、子公司和一个国家级技术中心，建有企业博士后工作站；主要产品有40多种，其中30多种产品通过了ISO9000质量体系认证，拥有“中国名牌”产品1个、“山东名牌”产品6个，产品销往全国并出口40多个国家和地区。按目前生产规模和市场占有率，现有合成纯碱、硝盐、固体氯化钙三种产品居世界第一，原盐、三聚氰胺两种产品居亚洲第一，溴素、溴化物、水玻璃、灭火器瓶体、白炭黑、三单体、小苏打七种产品居全国第一，是全国最大的海洋化工生产和出口创汇基地。

1998年，以山东海化集团母公司作为独家发起人，采用募集方式设立了山东海化股份有限公司。同年5月，“山东海化”在深圳证券交易所成功上网发行，成为中国海洋化工科技第一股。2001年，依靠公司上市以来的良好业绩和卓有成效的工作，成功实施了10配3的配股方案，成为山东省当年度成功配股的第一家，募集资金3.87亿元。2004

年9月,"山东海化"可转换债券获得证监会发行审核委员会全票通过,9月7日成功发行,募集资金10亿元,成为当年全省首家成功发行可转债的上市公司。从股票上市到实施配股、发行可转换债券,8年间3次融资共计20亿元,为企业持续、健康、快速发展提供了强有力的资金保障。

为进一步做大做强企业,打造"百年海化",海化集团坚持以科学发展观为指导,不断加大资金投入力度,积极采用高新技术嫁接和改造传统产业,调整优化产业结构。企业先后获得"全国'五一'劳动奖状""全国化工环保先进单位""山东省文明单位""山东省管理创新优秀企业""山东省思想政治工作优秀企业""山东省资源节约综合利用工作先进企业"等多项荣誉称号,并被国家六部委确定为全国首批循环经济试点企业之一。

任务二　纯碱生产工艺路线分析与选择

知识目标

1. 了解纯碱的生产方法;
2. 理解纯碱的生产原理。

能力目标

能对纯碱几种主要工业生产方法进行工艺分析比较。

素质目标

1. 良好的语言表达能力;
2. 一丝不苟、实事求是的工作态度。

一、纯碱生产的历史

(一)布置任务

利用各种信息资源查找纯碱生产方法的历史演变过程。

(二)任务总结

碳酸钠在自然界存在相当广泛,一些生长于盐碱地和海岸附近的植物中含有碳酸钠,可以从植物的灰烬中提取。

大量的碳酸钠主要来自一些地表碱湖,这些地区大多干旱、少雨,如我国的内蒙古、吉林、黑龙江、青海和宁夏等地。当冬季到来时,湖水中所含的碳酸钠结晶析出,经简单的加工就得到天然碱。

18世纪中期工业革命以后,天然碱和从植物灰烬中提取的碱已经不能满足生产发展的需要,纯碱工业随之发展起来。

纯碱工业生产方法主要有芒硝制碱法(路布兰法)、氨碱法(索尔维制碱法)、联碱法(侯氏制碱法)。

世界上最早是通过路布兰(N. Leblanc,1742—1806)法实现碳酸钠的工业化生产。氨碱法是由比利时人索尔维(E. Solvay,1838—1922)于19世纪60年代发明的,所以,氨碱法也称索尔维制碱法。20世纪40年代,为进一步提高食盐的利用率、改进索尔维制碱法在生产中生成大量$CaCl_2$废弃物这一不足之处,我国化工专家侯德榜提出了联合制碱法,也称侯氏制碱法。

二、纯碱的生产方法

(一)布置任务

归纳当前国内外纯碱工业生产的方法、反应原理。

(二)任务总结

1. 芒硝制碱法——路布兰法。

这是世界上最早实现碳酸钠工业生产的一种方法。

(1)用硫酸将食盐转变成硫酸钠。

$$NaCl + H_2SO_4 \longrightarrow NaHSO_4 + HCl\uparrow$$

$$NaCl + NaHSO_4 \longrightarrow Na_2SO_4 + HCl\uparrow$$

(2)将硫酸钠与木炭、石灰石一起加热,反应生成碳酸钠和硫化钙。

$$Na_2SO_4 + 2C \longrightarrow Na_2S + 2CO_2\uparrow$$

$$Na_2S + CaCO_3 \longrightarrow Na_2CO_3 + CaS$$

该方法的缺点是原料利用不充分、成本较高,设备腐蚀严重等。直到19世纪60年代后逐渐被氨碱法所取代。

2. 氨碱法——索尔维制碱法。

氨碱法是以碳酸钙和氯化钠为原料生产碳酸钠(副产物为氯化钙)的过程。尽管食盐和碳酸钙是生产纯碱最廉价的原料,但食盐和碳酸钙并不能直接发生反应而生成碳酸钠,必须通过中间产物作为过渡。

索尔维发明的氨碱法以食盐、氨(来自炼焦副产品)和二氧化碳(来自碳酸钙)为原料,通过一系列反应来生产碳酸钠。

(1)生成碳酸氢钠和氯化铵。

将二氧化碳通入含氨的饱和食盐溶液中,可得到碳酸氢钠和氯化铵。

$$NH_3 + CO_2 + H_2O \longrightarrow NH_4HCO_3$$

$$NaCl + NH_4HCO_3 \longrightarrow NaHCO_3 + NH_4Cl$$

(2)制取碳酸钠。

$$2NaHCO_3 \longrightarrow Na_2CO_3 + CO_2\uparrow + H_2O\uparrow$$

氨碱法生产原料如图 4-1 所示。

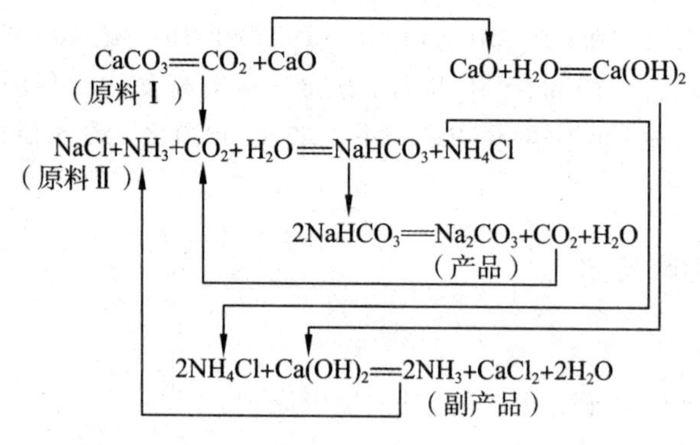

图 4-1　氨碱法生产原料示意图

优点：原料便宜，成品纯度高，氨和部分二氧化碳可循环使用，制作步骤简单。

不足：氯化钠利用率低，约 70%，产生了当时认为无用的氯化钙。

3. 联合制碱法——侯氏制碱法。

联合制碱法是我国化学工程专家侯德榜（1890—1974）于 1943 年创立的，将氨碱法和合成氨法两种工艺联合起来，同时生产纯碱和氯化铵两种产品的方法，原料是食盐、氨和二氧化碳（合成氨厂用水煤气制取氢气时的废气）。

联合制碱法的化学反应原理为

$$C + H_2O \longrightarrow CO + H_2$$

$$CO + H_2O \longrightarrow CO_2 + H_2$$

联合制碱法包括两个过程：第一个过程与氨碱法相同，将氨通入饱和食盐水而成氨盐水，再通入二氧化碳生成碳酸氢钠沉淀，经过滤、洗涤得 $NaHCO_3$ 微小晶体，再煅烧制得纯碱产品，其滤液是含有氯化铵和氯化钠的溶液。第二个过程是从含有氯化铵和氯化钠的滤液中结晶沉淀出氯化铵晶体。由于氯化铵在常温下的溶解度比氯化钠要大，低温时的溶解度则比氯化钠小，而且氯化铵在氯化钠的浓溶液里的溶解度要比在水里的溶解度小得多，所以在低温条件下，向滤液中加入细粉状的氯化钠并通入氨气，可以使氯化铵单独结晶沉淀析出，经过滤、洗涤和干燥即得氯化铵产品。此时滤出氯化铵沉淀后所得的滤液，已基本上被氯化钠饱和，可回收循环使用。

优点：联合制碱法不仅提高了食盐的利用率（达 98%），由于把制碱和制氨的生产联合起来，省去了石灰石煅烧产生 CO_2 和蒸氨的设备，从而节约了成本，大大提高了经济效益。

任务三　纯碱生产工艺参数确定

知识目标

1. 了解氨碱法生产过程；
2. 理解各种影响因素对纯碱生产的影响。

能力目标

能对氨碱法生产过程及工艺参数进行分析、确定。

素质目标

1. 一丝不苟、实事求是的工作态度；
2. 安全生产、清洁生产的责任意识。

（一）布置任务

对氨碱法的生产过程、工艺参数进行分析、确定。

（二）任务总结

氨碱法生产纯碱过程冗长，下面仅就生产中的几个工段的参数进行简单介绍。

1. 氨盐水制备的工艺条件优化。

(1) $NH_3/NaCl$ 比的选择。

根据碳酸化反应过程的要求，理论上 $NH_3/NaCl$ 之比应为 1∶1(物质的量之比)。而生产实践中，$NH_3/NaCl$ 的比为 1.08～1.12。

(2) 温度的选择。

盐水进吸氨塔之前用冷却水冷至 25℃～30℃，氨气也先经冷却后再进吸氨塔。低温有利于盐水吸 NH_3，也有利于降低氨气夹带的水蒸气含量，降低对盐水的稀释程度。但是，温度也不宜太低，否则会生成 $(NH_4)_2CO_3 \cdot 2H_2O$、NH_4HCO_3 等结晶堵塞管道和设备。

实际生产中进吸收塔的气温一般控制在 55℃～60℃之间。

(3) 吸收塔内压力。

为了防止和减少吸氨系统的泄漏，吸氨操作是在微负压条件下进行的，其压力大小以不妨碍盐水下流为限。

2. 氨盐水碳化的工艺条件。

(1) 碳化度。

生产中用碳化度 R 表示氨盐水吸收 CO_2 的程度，其表达式为

$$R=\frac{\text{溶液中全部 } CO_2 \text{ 浓度}}{\text{总氨浓度}}\text{，即 } R=\frac{c_{CO_2}+2c_{NH_3}}{T_{NH_3}}$$

在适当的氨盐水组成条件下，R 值越大，则 NH_3 转变成 NH_4HCO_3 越完全，NaCl 的利用率 $U(Na)$ 越高。

生产上尽量提高 R 值以达到提高 $U(Na)$ 的目的，但受多种因素和条件的限制，实际生产中的碳化度一般只能达到 180%～190%。

(2) 原始氨盐水溶液的理论适宜组成。

理论适宜组成即在一定温度和压力条件下，塔内达到固液平衡时，液相的组成点落在 P_1 点时的原始溶液组成，此时钠的利用率最高。

由图 4-2 可以看出，该原始溶液组成点应在 P_1 和 B 连线与 NaCl 和 NH_4HCO_3 原始溶液组成线 AC 的交叉点上，即 T 点。

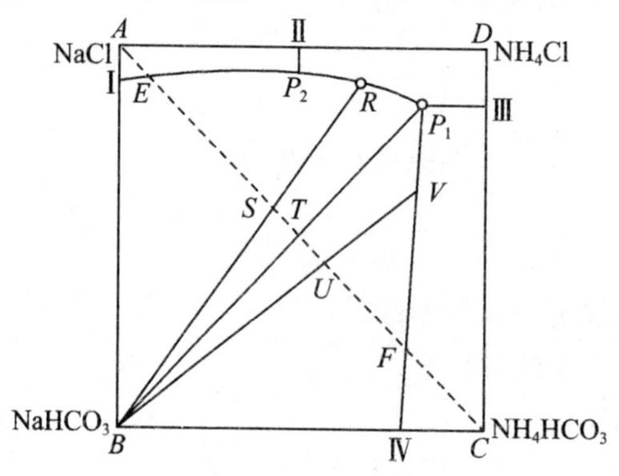

图 4-2　原始溶液适宜组成图

实际生产中，原始氨盐水的组成不可能达到最适宜的浓度，即 T 点。

3. 影响 $NaHCO_3$ 结晶的因素。

$NaHCO_3$ 在碳化塔中生成并结晶成重碱。结晶的颗粒愈大，则有利于过滤、洗涤，所得的产品含水量低、收率高，煅烧成品纯碱的质量高。因此，碳酸氢钠结晶在纯碱生产过程中对产品的质量有决定性的意义。

(1) 温度。

在开始时(即由塔的顶部往下)液相反应温度逐步升高，中部(约塔高的 2/3 处)温度达到最高；再往下温度开始降低，但降温速度不易太快，以保持过饱和度的稳定；在塔的下部至接连底部的一段塔高内，降温速度可以稍快一些，因为此时反应速度已经很慢，其过饱度不大，降低温度可以提高产率。从保证质量、提高产量的角度出发，塔内的温度分布应为上中下依次为低高低为宜。

(2) 添加晶种。

当碳化过程中溶液达到饱和甚至稍过饱和时，并无结晶析出，但在此时若加入少量固体杂质，就可以使溶质以固体杂质为核心，长大而析出晶体。在 $NaHCO_3$ 生产中，就是采用往饱和溶液内加晶种并使之长大的办法来提高产量和质量的。

应用此方法时应注意两点：一是加晶种的部位和时间，晶种应加在饱和或过饱和溶液中；二是加入晶种的量要适当。

4. 氨回收的工艺条件的优化。

(1) 温度。

温度越高，水蒸气分压越高，液体腐蚀性越强，一般塔底维持 110℃～117℃，塔顶在

80℃～85℃，并在气体出塔前进行一次冷凝，使温度降至55℃～60℃。

（2）压力。

蒸氨过程中，塔的上、下部压力不同。塔下部压力与所用蒸汽压力相同或接近；塔顶的压力为负压，有利于氨的蒸发并避免氨的泄漏损失。同时，也应保持系统密封，以防气体漏出而降低气体浓度。

（3）灰乳的用量。

用于蒸氨的石灰乳，一般含活性CaO浓度为180～220滴度，用量应比化学计量稍微过量，以保证蒸氨完全。调和液中CaO一般过量不超过1.2滴度，这应根据母液流量及浓度、预热母液中含CO_2量以及石灰乳的浓度、操作温度等调节。

（4）废液中的氨含量。

一般控制在0.028滴度以下，废液中氨的含量是蒸氨操作效果的重要标志。若废液中氨含量过高，说明氨回收效果不好，造成氨的损失大；若废液中氨含量过低，则说明加入灰乳过量，易造成设备及管道堵塞。

任务四　纯碱生产典型设备选择

知识目标

了解生产纯碱所用的设备。

能力目标

能根据反应特点进行典型设备的正确选择。

素质目标

1. 一丝不苟、实事求是的工作态度；
2. 安全生产、清洁生产的责任意识。

（一）布置任务

查找生产纯碱所用的设备要求及种类。

（二）任务总结

1. 盐水工序主要设备——化盐桶、澄清桶。

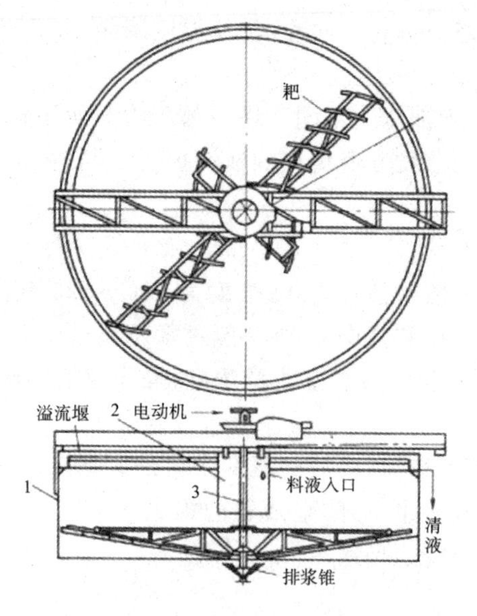

图 4-3　道尔式澄清桶

1—桶体;2—中心桶;3—搅拌机主轴

2. 碳化工序主要设备——碳化塔。

碳化塔是氨碱法制纯碱的主要设备之一。它由许多铸铁塔圈组装而成,结构上大致可分上、下两部分:上部为二氧化碳吸收段,下部有一些冷却水箱,用以冷却碳化液以析出晶体。

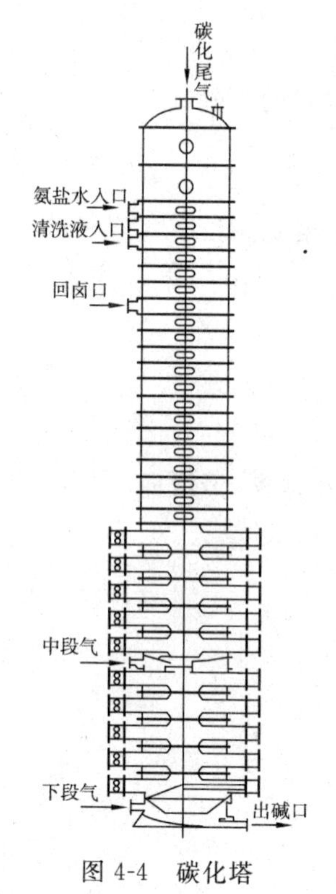

图 4-4　碳化塔

3. 过滤工序主要设备——转鼓式真空过滤机。

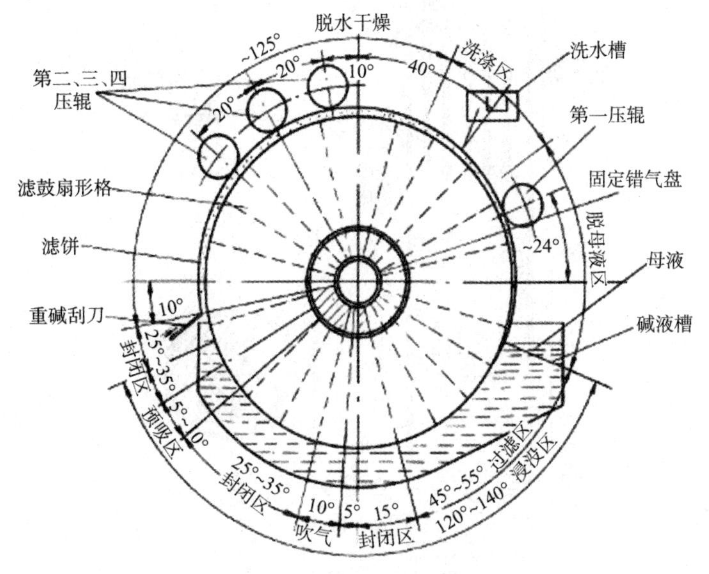

图 4-5 转鼓式真空过滤机

4. 石灰工序主要设备——石灰窑、洗涤塔、化灰机。

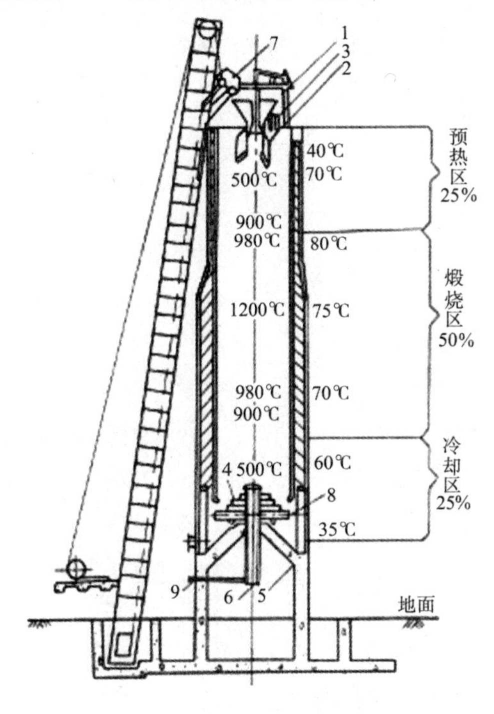

图 4-6 石灰窑

1—漏斗；2—撒石器；3—出气口；4—出灰转盘；5—周围风道；

6—中央风道；7—吊石罐；8—出灰口；9—风压表接管

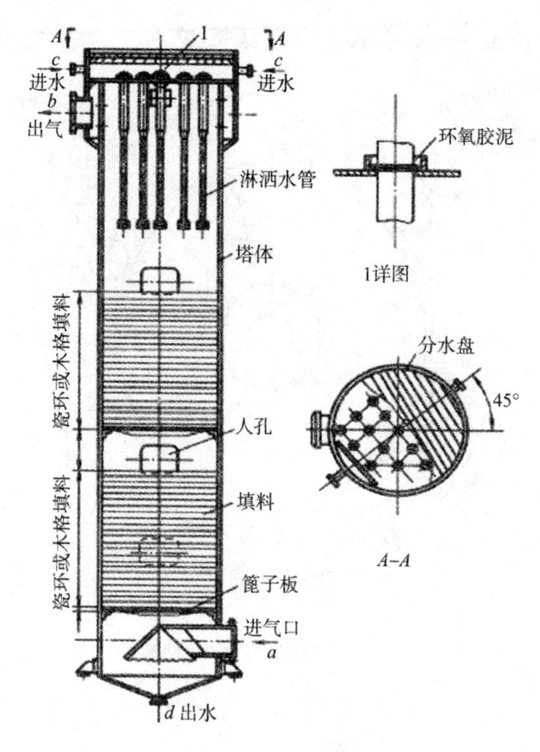

图 4-7 窑气洗涤塔

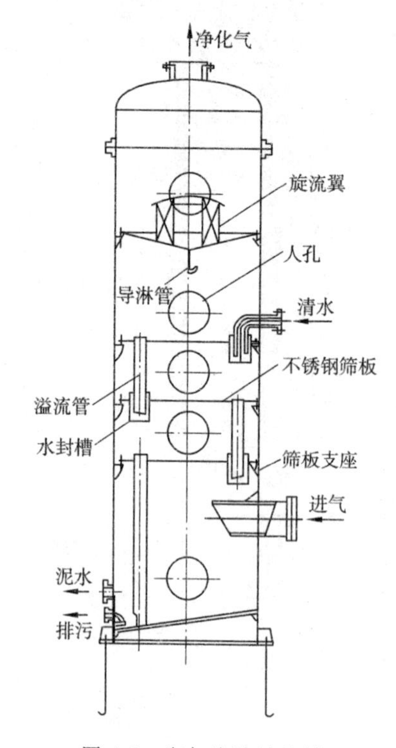

图 4-8 窑气泡沫洗涤塔

任务五 纯碱生产工艺流程组织

知识目标

熟悉氨碱法生产纯碱的工艺流程。

能力目标

能对氨碱法生产纯碱的工艺流程进行解析。

素质目标

1. 良好的语言表达能力；
2. 安全生产、清洁生产的责任意识；
3. 团结协作的精神。

（一）布置任务

解析氨碱法制纯碱的工艺流程。

（二）任务总结

氨碱法生产的纯碱产品分为轻质纯碱和重质纯碱。重质纯碱是将轻质纯碱采用固相水合法或液相水合法再加工而生成的，主要有八个生产环节：① 盐水工序；② 吸氨工序；③ 碳化工序；④ 过滤工序；⑤ 轻质纯碱（也称轻灰）工序；⑥ 重质纯碱（也称重灰）工序；⑦ 成品工序；⑧ 石灰工序。

1. 生产原料。

氨碱法生产纯碱的原料主要是原盐、石灰石、焦炭或白煤、氨。

2. 生产原理及方程式。

总反应为

$$CaCO_3 + 2NaCl \longrightarrow Na_2CO_3 + CaCl_2$$

（1）盐水工序。

原盐由洗泥回收的精杂水溶解制成粗盐水，先加石灰乳除去镁杂质，并加入絮凝剂（聚丙酰酸铵）助沉，澄清分离后的清液称为一次盐水。由泵送至除钙塔利用碳化尾气中的 CO_2 和 NH_3 除去其中的钙杂质，经再度澄清分离后的清液即为精制盐水，又称二次盐水，供吸氨工序使用。

盐水精制过程中产生的盐泥用海水洗涤回收氨和盐。

化学反应为

$$MgCl_2 + Ca(OH)_2 \longrightarrow Mg(OH)_2 \downarrow + CaCl_2$$

$$MgSO_4 + Ca(OH)_2 \longrightarrow Mg(OH)_2 \downarrow + CaSO_4$$

$$CaCl_2 + 2NH_3 + CO_2 + H_2O \longrightarrow CaCO_3 \downarrow + 2NH_4Cl$$

$$CaSO_4 + 2NH_3 + CO_2 + H_2O \longrightarrow CaCO_3 \downarrow + (NH_4)_2SO_4$$

（2）吸氨工序。

二次盐水在吸收塔内吸收来自蒸馏工序的氨气（夹带部分二氧化碳和水蒸气）和由液氨库补充的氨，制成与 NaCl 成一定浓度比的氨盐水，并用海水间接冷却到一定温度供碳化工序使用。

化学反应为

$$NH_3 + H_2O \longrightarrow NH_4OH$$

$$CO_2 + 2NH_3 + H_2O \longrightarrow (NH_4)_2CO_3$$

（3）碳化工序。

氨盐水在碳化塔内被 CO_2 碳酸化，并用海水间接冷却，生成含碳酸氢钠结晶的悬浮液送过滤工序。为防止氨盐水对碳化塔的腐蚀而影响产品质量，在氨盐水内加入少量的 Na_2S 和 $MgCl_2$，以在碳化塔内壁上生成硫化亚铁和碳酸镁保护膜，既可减轻对设备的腐蚀，又可降低纯碱产品的铁含量，从而保证纯碱的白度。

化学反应为

$$2NH_3 + CO_2 \longrightarrow NH_2COONH_4$$

$$CO_2 + H_2O \longrightarrow H_2CO_3$$

$$CO_2 + 2NH_3 + H_2O \longrightarrow (NH_4)_2CO_3$$

$$(NH_4)_2CO_3 + CO_2 + H_2O \longrightarrow 2NH_4HCO_3$$

$$NH_2COONH_4 + H_2O \longrightarrow NH_4HCO_3 + NH_3$$

$$NH_4HCO_3 + NaCl \longrightarrow NaHCO_3 \downarrow + NH_4Cl$$

（4）过滤工序。

利用连续回转真空过滤机将碳酸氢钠悬浮液进行固液分离，所得滤饼加洗水洗去盐分后称重碱。分离下来的母液去蒸馏工序。

重碱再送入离心机进行二次脱水，以进一步降低重碱的水分和盐分，然后送往煅烧工序。

（5）轻质纯碱（也称轻灰）工序。

过滤工序送来的重碱因含水量大，如直接进煅烧炉将造成结疤，所以需加入返碱混合以降低含水量。混合碱进入蒸汽煅烧炉内，被加热分解成纯碱，再经回转凉碱炉冷却后送成品工序包装。

重碱分解生成的气体，通过旋风分离器分离出大部分碱粉，再经热碱回收塔洗涤回收残留的碱粉后，与冷母液进行热交换以提高母液温度和降低炉气温度，再经冷却和洗涤后去压缩工序。

化学反应为

$$2NaHCO_3 \xrightarrow{\triangle} Na_2CO_3 + CO_2 \uparrow + H_2O \uparrow$$

$$NH_4HCO_3 \xrightarrow{\triangle} NH_3 \uparrow + CO_2 \uparrow + H_2O \uparrow$$

$$NH_4Cl + NaHCO_3 \longrightarrow NH_3 \uparrow + CO_2 \uparrow + H_2O \uparrow + NaCl$$

（6）重质纯碱（也称重灰）工序。

① 固相水合法重质纯碱。

来自蒸汽煅烧炉不经冷却的轻质纯碱(也称轻灰)在水合机内加入水进行水合反应，生成一水碳酸钠，它的晶格排列远比无水轻质纯碱密实，将其送至煅烧炉或沸腾干燥床加热，驱出游离水和结晶水，所得产品因仍能保持密集的晶格结构，故称为重质纯碱。将其冷却后送成品工序包装。

化学反应为

$$Na_2CO_3+H_2O \longrightarrow Na_2CO_3 \cdot H_2O$$

$$Na_2CO_3 \cdot H_2O \longrightarrow Na_2CO_3+H_2O \uparrow$$

② 液相水合法重质纯碱。

来自蒸汽煅烧炉不经冷却的轻质纯碱(也称轻灰)在结晶器内加入水进行水合反应，生成一水碳酸钠悬浮液，经离心分离出一水碳酸钠，它的晶格排列远比无水轻质纯碱密实，将其送至煅烧炉或沸腾干燥床加热，驱出游离水和结晶水，所得产品因仍能保持密集的晶格结构，故称为重质纯碱。将其冷却后送成品工序包装。

化学反应为

$$Na_2CO_3+H_2O \longrightarrow Na_2CO_3 \cdot H_2O$$

$$Na_2CO_3 \cdot H_2O \longrightarrow Na_2CO_3+H_2O \uparrow$$

(7) 成品工序。

煅烧车间生产的成品纯碱分别进入轻质和重质成品碱仓，经设在仓下的包装机按照用户需要包装成不同规格(重量)的袋装产品，再经皮带运输机送入成品库由码垛机码垛，经质量检验合格后入库。

(8) 石灰工序。

石灰石内配入一定比例的无烟煤送入石灰窑内，在窑底送入空气供燃料燃烧。石灰石在窑内被加热，分解生成 CaO 和 CO_2。窑气(CO_2)经过泡沫塔冷却、除尘和静电除尘两级净化后送压缩工序。

生石灰(CaO)经出灰机、吊斗和刮板机分别送至化灰仓和制粉灰仓。化灰仓内的生石灰经给料器送至化灰机，并加入海水使生石灰消化制成石灰乳，由泵送至蒸馏工序(湿法)和盐水工序使用；制粉灰仓的生石灰则送至石灰磨粉机，将生石灰磨成石灰粉，由皮带送至蒸馏工序(干法)使用。

石灰窑内的反应为

$$C+O_2 \longrightarrow CO_2 \uparrow$$

$$CaCO_3 \longrightarrow CaO+CO_2 \uparrow$$

化灰机内的反应为

$$CaO+H_2O \longrightarrow Ca(OH)_2$$

3. 氨碱法流程示意图。

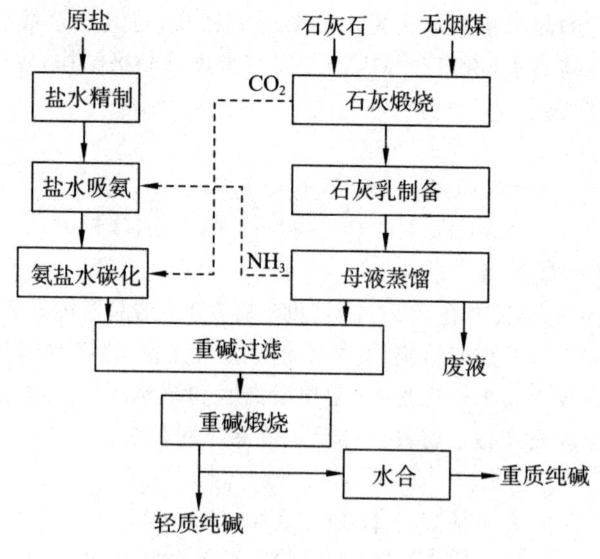

图 4-9　氨碱法流程示意图

任务六　纯碱安全生产与防护

知识目标

1. 熟悉纯碱的贮存方法；
2. 了解纯碱的防护和应急处理方法。

知识目标

能排除纯碱贮存、使用和生产中的事故。

素质目标

1. 良好的语言表达能力；
2. 一丝不苟、实事求是的工作态度；
3. 安全生产、清洁生产的责任意识。

（一）布置任务

利用各种信息资源查找纯碱贮存方法、防护及应急处置方法。

（二）任务总结

1. 纯碱的贮存与运输。

纯碱应存放于阴凉、通风的库房，防止雨淋受潮，防止日晒、受热；应与酸类等分开存放，切忌混贮。

起运时，包装要完整，装载应稳妥。运输过程中要确保容器不泄漏、不倒塌、不坠落、不损坏；严禁与酸类、食用化学品等混装混运。运输途中应防曝晒、雨淋，防高温。车辆运输完毕应进行彻底清扫。

2. 纯碱的防护与急救措施。

(1) 个人防护措施。

呼吸系统防护：空气中粉尘浓度超标时，必须佩戴自吸过滤式防尘口罩。紧急抢救或撤离时，应该佩戴空气呼吸器。

眼睛防护：戴化学安全防护眼镜。

身体防护：穿防毒物渗透工作服。

手防护：戴橡胶手套。

其他防护：及时换洗工作服，保持良好的卫生习惯。

(2) 急救措施。

皮肤接触：立即脱去污染的衣着，用大量流动清水冲洗至少15分钟，就医。

眼睛接触：立即提起眼睑，用大量流动清水或生理盐水彻底冲洗至少15分钟，就医。

吸入：脱离现场至空气新鲜处，如呼吸困难，给输氧，就医。

食入：用水漱口，给饮牛奶或蛋清，就医。

3. 主要工序的异常现象排除。

(1) 吸氨工序的异常现象排除。

① 开停塔的异常现象排除。

ⅰ. 认真观察各处温度、液面、真空的变化情况。

ⅱ 加强分析与调节，使操作尽快转入正常状态。

ⅲ. 开塔时为了防止成品氨盐水含铁量高，开塔初期氨盐水硫分应控制在指标上限。

ⅳ. 停塔时因吸收循环系统流程的改变，停循环泵必须在停止加二次盐水之前，以免成品氨盐水含氨过低。

② 正常操作的异常现象排除。

ⅰ. 经常观察技术操作条件是否正常，以便及时调节，维持正常状态。

ⅱ. 经常检查净氨洗水含 NH_3 情况，做到及时调节。

ⅲ. 早、中班放澄清桶氨盐泥1次(特殊情况可增加放泥次数)。

ⅳ. 加强有关岗位联系，相互配合，在操作中要求安全、平稳，尽量减少波动，发现问题及时处理，不要以小积大，造成大幅度波动影响生产。

ⅴ. 二次盐水需要大减时，要及时通知盐水工序泵房岗位减量，以免换热器、管线及泵超压。

ⅵ. 经常检查和调节换热器，进水温度保持在20℃以上，防止结晶析出，堵塞设备。

(2) 碳化工序的异常现象排除。

① 开停塔的异常现象排除。

ⅰ. 开塔前一定要检查各塔进气阀、三段气返回阀及返回总阀，确认灵活好用时，才能通知压缩工序送气，以免超压。

ⅱ. 塔顶废气阀要确保处在开的状态。

ⅲ. 新开塔(包括制碱或清洗)，随时注意出碱液或中和水含铁的变化，以防止出铁高碱。

ⅳ. 冷却水要缓慢开用,防止急骤冷却,破坏结晶。

② 正常操作的异常现象排除。

ⅰ. 及时向吸收岗位了解氨盐比的高低、氨盐水浓度、硫分含量和氨盐水存量,以保证优质、高产和低耗。

ⅱ. 因本岗位放量的大小、结晶的好坏、碱量的多少以及改塔等直接影响滤过岗位的操作,因此要及时通知滤过岗位,以利于滤过岗位操作。

ⅲ. 要经常与泵房岗位联系,了解成品氨盐水泵及中和水泵的上量情况,以保证清洗塔及制碱塔塔压在指标范围内。

ⅳ. 当中段气、下段气及清洗气在气量、浓度、温度和压力方面发生异常时,要及时与压缩工序有关岗位联系。

ⅴ. 窑气来自石灰煅烧工序,窑气中 CO_2 浓度的高低直接影响碳化操作,因此要加强与石灰煅烧工序联系。

ⅵ. 仪表的准确度直接影响生产的操作,因此,要经常与仪表部门联系,保证各仪表运行正常。

(3) 过滤工序的异常现象排除。

① 开停车的异常现象排除。

ⅰ. 各润滑部位必须加油。

ⅱ. 开车前,必须先进行盘车并将电磁调速电机转数调到零点。

ⅲ. 开车时,应与各有关岗位及值班长、调度部门密切联系。

ⅳ. 真空系统放空后方可停真空泵。

ⅴ. 吹风放空阀打开后再关各车的吹风阀。

ⅵ. 停车前先将电磁调频电机转数调到零点后再停车。

② 正常操作的异常现象排除。

ⅰ. 接班时应了解上班的纯碱盐分情况及前 1 h 的盐分控制情况。

ⅱ. 注意检查真空变化情况,尤其是净氨塔汽入口真空度,及时调节净氨洗水,控制洗水含氨在规定范围内。

ⅲ. 根据碳化结晶质量、碱饼厚度、烧成率高低、洗水温度及纯碱盐分情况,控制重碱盐分及调节洗水量,每 15 min 分析 1 次重碱盐分,不正常状态要随时分析。

ⅳ. 注意煅烧工序来的洗水温度及压力情况,应及时联系,保证洗水合格。

ⅴ. 按时倒换设备,如遇特殊情况随时倒换。

思考题

1. 简单说明纯碱的理化性质和用途。
2. 分别解释粗盐水、一次盐水和二次盐水。
3. 纯碱的生产方法主要有哪几种? 它们各有什么特点?
4. 影响氨盐水制备的工艺条件有哪些?
5. 影响 $NaHCO_3$ 结晶的因素有哪些?
6. 简述氨碱法生产纯碱的工艺流程。
7. 简述生产纯碱所用的设备。

项目五　硅胶生产

项目说明

硅胶是具有二维空间网状结构的一氧化硅干凝胶，是一种高活性吸附材料，属非晶态物质，可作为干燥剂、吸附剂、催化剂及催化剂载体，被广泛应用于工业生产中。通过本项目的学习，要了解硅胶的基本性质和用途，硅胶工业的基本情况及硅胶的生产方法，熟悉硅胶的工艺生产流程及硅胶生产的操作规程；同时，在学习过程中，培养良好的团队协作能力、良好的语言表达能力和文字表达能力，以及安全生产、清洁生产的意识。

任务一　硅胶工业概貌检索

知识目标

1. 了解硅胶工业的发展情况；
2. 掌握硅胶的特性；
3. 掌握硅胶的工业用途。

能力目标

1. 能够熟练利用工具书、网络资源等查找硅胶生产的有关知识；
2. 能够对收集的信息进行归纳和分类。

素质目标

1. 良好的语言表达能力；
2. 团结协作的精神。

一、硅胶的性质

（一）布置任务

检索硅胶的基本性质，包括俗名、英文名、化学式，以及外观、溶解性、典型性质等。

（二）任务总结

1. 硅胶的基本性质。

俗名：氧化硅胶或硅酸凝胶。英文名：Silica gel；Silica。化学式：$xSiO_2 \cdot yH_2O$。相对分子质量：60.08。

外观：高活性吸附材料，属非晶态物质。

溶解性：除强碱、氢氟酸外不与任何物质发生反应，不溶于水和任何溶剂，无毒无味，化学性质稳定。

典型性质：吸附性能高、热稳定性好、化学性质稳定、有较高的机械强度等。

2. 硅胶的特性。

（1）硅胶产品。

① 硅铝胶系列。

图 5-1　硅铝胶

以硅铝胶为例。硅铝胶外观呈微黄色，化学式为 $mSiO_2 \cdot nAl_2O_3 \cdot xH_2O$，化学性质稳定，不燃烧，不溶于任何溶剂。细孔硅铝胶和细孔硅胶相比低，湿度吸附量相当（如 $RH=10\%$，$RH=20\%$），但高湿度吸附量（如 $RH=80\%$，$RH=90\%$）比细孔硅胶高6%～10%，热稳定性比细孔硅胶（200℃）高150℃以上，非常适宜做变温吸附、分离剂。主要用于天然脱水、变温吸附分离轻烃等，也可用做石油行业的催化剂及催化剂载体、工业用干燥剂、液体吸附剂及气体分离等。

② 硅溶胶系列。

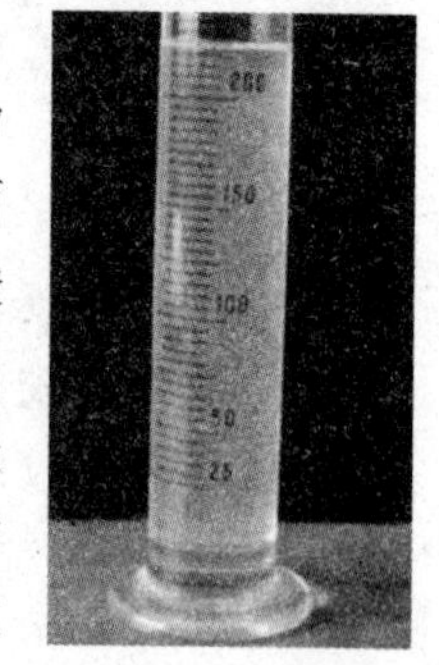

图 5-2　硅溶胶

以硅溶胶为例。硅溶胶属胶体溶液，无臭、无毒，化学式可表示为 $mSiO_2 \cdot nH_2O$。由于胶体粒子微细（10～20 nm），有相当大的比表面积，粒子本身无色透明，不影响被覆盖物的本色。黏度较低，水能渗透的地方都能渗透，因此和其他物质混合时分散性和渗透性都非常好。当硅溶胶水分蒸发时，胶体粒子牢固地附着在物体表面，粒子间形成硅氧结合，是很好的黏合剂：用做各种耐火材料的黏结，具有黏结力强、耐高温（1500℃～1600℃）等特点；用于涂料工业，能使涂料牢固，又有抗污防尘、耐老化、防火等功能；用于薄壳精密铸造，可使壳型强度大、铸造光洁度高；用其造型比水玻璃造型质量好，代替硅酸乙酯造型可降低成本和改善操作条件。硅溶胶有较高的比表面积，可用于催化剂制造及催化剂载体。用于造纸工业，可作为玻璃纸防黏剂、照相用纸前处理剂、水泥袋防滑剂等。用做纺织工业上浆剂，它与油剂联用处理羊毛、兔毛，可以改善羊毛、兔毛的可纺性，减少断头，防止飞花，提高成品率，增加经济效益。另外，还可用做矽钢片处理剂、显像管分散剂、地板蜡抗滑等。

③ 变色胶系列。

图 5-3　蓝色硅胶

ⅰ. 蓝色硅胶。蓝色硅胶分为蓝胶指示剂、变色硅胶和蓝胶，外观为蓝色或浅蓝色玻璃状颗粒。根据颗粒形状可分为球形和块状两种，具有吸湿后自身颜色由蓝色变红色的特性。主要用于仪器、仪表、设备等在密闭条件下的吸潮防锈，同时又能通过吸潮后自身颜色由蓝变红直观指示出环境的相对湿度。与普通硅胶干燥剂配合使用，指示干燥剂的吸湿程度和判断环境的相对湿度。作为包装用硅胶干燥剂，广泛用于精密仪器、皮革、鞋、服装、食品、药品和家用电器等。

ⅱ. 彩色变色硅胶。欧盟于 1998 年把氯化钴确定为二类致癌物，含有氯化钴的蓝胶在欧美已被禁止生产而逐步被淘汰。为了适应市场需要，青岛海洋化工有限公司研制出了彩色变色硅胶。本品为球形或不规则形状的颗粒，根据外观的不同分为紫色、橘红色或黄色三种型号，其主要成分为二氧化硅，颜色随湿度不同而变化，除具有蓝胶性能外，还具有不含氯化钴、无毒、无害的优点，主要用于干燥，指示干燥程度或湿度，广泛用于精密仪器、医药、石油化工、食品、服装、皮革、家电及其他工业气体等。

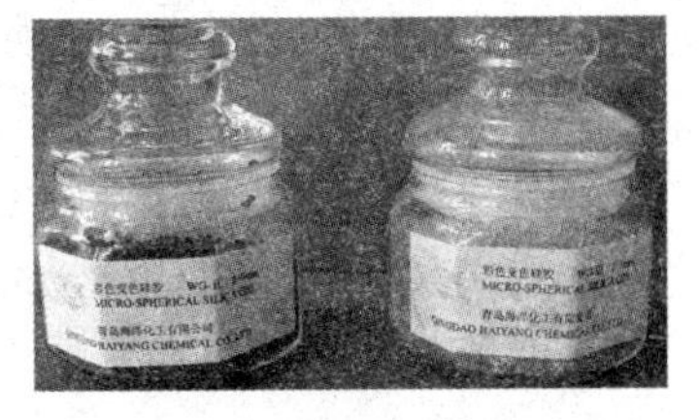

图 5-4 彩色变色硅胶

④ 工业与试剂用品系列。

以硅胶板为例。有薄层层析硅胶板、高效薄层层析硅胶板，它是由优质薄层层析硅胶调配适当的黏合剂涂铺于玻璃基板上而成。本品有规定的孔容、比表面和孔分布。可直接用于多种类型有机物质的快速分离——定性或定量分析。在医药、农药、中草药、有机化工产品及粮食、食品的微量杂质及主要成分的鉴定中已得到普遍应用。

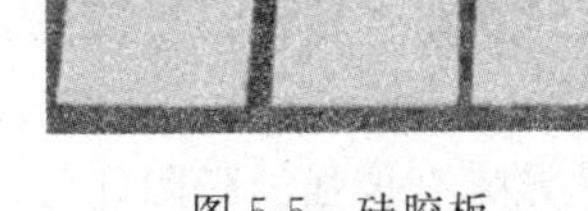

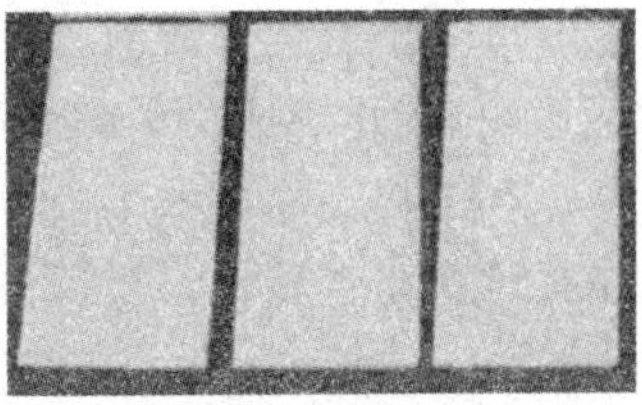

图 5-5 硅胶板

⑤ 普通产品系列。

ⅰ. 细孔硅胶。细孔硅胶包括细孔球形硅胶和细孔块状硅胶，外观呈透明或半透明玻璃状。平均孔径为 2.0～3.0 nm，比表面为 650～800 m^2/g，孔容为 0.35～0.45 mL/g，比热为 0.92 kJ/(kg·℃)，导热系数为 0.63 kJ/(m·Hr·℃)。细孔硅胶又称 A 型硅胶，主要用于干燥、防潮，也可用做催化剂载体、吸附剂、分离剂等。

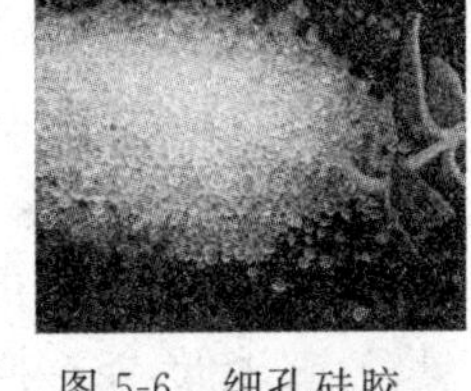

图 5-6 细孔硅胶

ⅱ. B 型硅胶。B 型硅胶为乳白色透明或半透明球状或块状颗粒。B 型胶孔结构介于粗孔、细孔硅胶之间，平均孔径为 4.5～7.0 nm，比表面为 450～650 m^2/g，孔容为 0..60～0.85 mL/g，主要用做液体吸附剂、干燥剂和香料载体，也可用做催化剂载体、硅砂等。

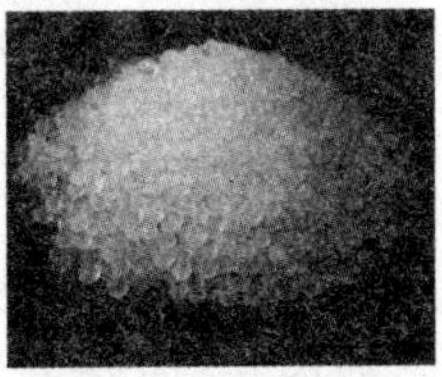

图 5-7 B 型硅胶

ⅲ. 粗孔硅胶。粗孔硅胶外观呈白色，有块状、球形。平均孔径为 8.0～10.0 nm，比表面积为 300～400 m^2/g，孔容为 0.8～1.0 mL/g，比热 0.92 kJ/(kg·℃)，导热系数为 0.167 kJ/(m·Hr·℃)。用于防湿包装，工业气体的脱水提纯，清除绝缘油中的有机酸和高聚物，工业发酵过程中吸附发酵品中的高分子蛋白，做催化剂或催化剂载体等。

图 5-8 粗孔硅胶

ⅳ. 小包装硅胶。用于包装的硅胶有多种规格,可方便地置于各类物品(如仪器仪表、电子产品、皮革、鞋、服装、食品、药品和家用电器等)包装内,以防止物品受潮霉变或锈蚀。

图 5-9　小包装硅胶

ⅴ. 啤酒硅胶。啤酒硅胶是一种非晶态多微孔结构的固体粉末,孔径为 8～16 nm,化学式为 $m\mathrm{SiO_2} \cdot n\mathrm{H_2O}$,不溶于水和任何溶剂,除苛性碱和氢氟酸外,不与任何酸、碱、盐起反应;无毒,无味,不燃烧,不爆炸,热、冷稳定性好,对人体无害,主要用于啤酒工业。

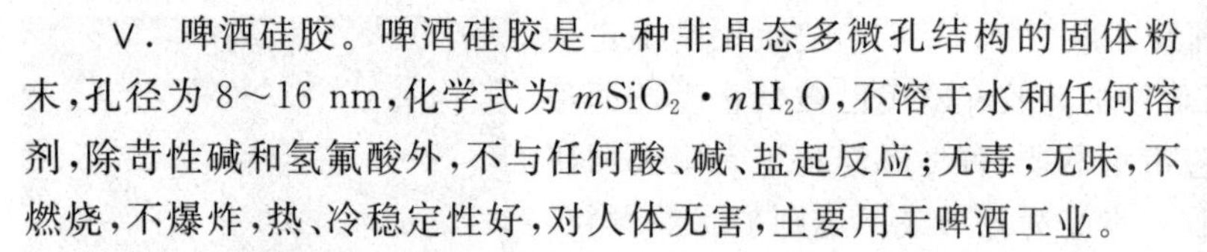

图 5-10　啤酒硅胶

用途:

(A) 啤酒硅胶具有大的比表面和无数适宜的微孔结构,可以在几分钟内把造成啤酒混浊的蛋白质吸附,经过滤除去,可延长啤酒贮藏期 180～240 天,防止啤酒出现冷浑浊。

(B) 不影响啤酒泡沫和口味。啤酒硅胶的物化性质决定了它对啤酒泡沫和口味毫无影响,实践也证明了啤酒硅胶是世界啤酒行业公认的最安全的啤酒稳定剂。

(C) 提高助滤效果。啤酒硅胶化学性质稳定,不含啤酒可溶物,其表面积和多微孔结构均优于硅藻土,是很好的助滤剂,辅助硅藻土过滤能使啤酒更明亮、更清澈。

ⅵ. 硅砂(猫砂)。硅胶内部具有大量的微孔结构,对水汽、各种异味有极强的吸附能力。硅胶猫砂即利用硅胶的这一特性精制加工而成。硅胶猫砂是一种新型的、理想的宠物垃圾清洁剂,具有以往黏土等猫砂无可比拟的优良特性。用硅胶做猫砂是近年来猫砂行业的一次重大变革。硅胶猫砂的主要成分是二氧化硅,无毒无污染,是一种家庭用的绿色环保产品。用后的猫砂将其挖坑掩埋即可。硅胶猫砂的外观呈白色颗粒状,而且重量轻,破碎低,能够抑制细菌生长,是当今国际市场上最受欢迎的猫砂产品。该产品投放市场后,立即受到欧美等国家广大消费者的欢迎。

图 5-11　硅砂

(2) 硅胶的特点。

硅胶是一种高活性吸附材料,通常由硅酸钠和硫酸反应,并经老化、酸泡等一系列后处理过程而制得。硅胶属非晶态物质,其化学式为 $m\mathrm{SiO_2} \cdot n\mathrm{H_2O}$。不溶于水和任何溶剂,无毒,无味,化学性质稳定,除强碱、氢氟酸外,不与任何物质发生反应。各种型号的硅胶因其制造方法不同而形成不同的微孔结构。硅胶的化学组分和物理结构,决定了它具有许多其他同类材料难以取代的特点:吸附性能高,热稳定性好,化学性质稳定,有较高的机械强度等。

硅胶根据其孔径的大小分为大孔硅胶、粗孔硅胶、B 型硅胶、细孔硅胶。由于孔隙结构的不同,因此它们的吸附性能各有特点。粗孔硅胶在相对湿度高的情况下有较高的吸附量。细孔硅胶则在相对湿度较低的情况下吸附量高于粗孔硅胶,而 B 型硅胶由于孔结构介于粗、细孔之间,其吸附量也介于粗、细孔之间。大孔硅胶一般用做催化剂载体、消光剂、牙膏磨料等。因此,应根据不同的用途选择不同的品种。

(3) 硅胶的安全性能。

硅胶的主要成分是二氧化硅,化学性质稳定,不燃烧。硅胶是一种非晶态二氧化硅,应控制车间粉尘含量不大于 10 mg/m³，需加强排风，操作时戴口罩。

硅胶有很强的吸附能力，对人的皮肤能产生干燥作用，因此，操作时应穿戴好工作服。若硅胶进入眼中，需用大量的水冲洗，并尽快找医生治疗。

蓝色硅胶由于含有少量的氯化钴，有毒，应避免和食品接触和吸入口中，如发生中毒事件应立即找医生治疗。

(4) 硅胶的再生。

硅胶在使用过程中因吸附了介质中的水蒸气或其他有机物质，吸附能力下降，可通过再生后重复使用。

① 硅胶吸附水蒸气后的再生。

硅胶吸附水分后，可通过热脱附方式将水分除去。加热的方式有多种，如电热炉、烟道余热加热及热风干燥等。

脱附加热的温度控制在 120℃～180℃为宜。各种工业硅胶再生时的最高温度不应超过以下限度：

粗孔硅胶不得高于 600℃；

细孔硅胶不得高于 200℃；

蓝胶指示剂(或变色硅胶)不得高于 120℃；

硅铝胶不得高于 350℃。

再生后的硅胶，其水分一般控制在 2%以下即可重新投入使用。

② 硅胶吸附有机杂质后的再生。

ⅰ. 焙烧法。

对于粗孔硅胶，可放在焙烧炉内逐渐升温至 500℃～600℃，经 6～8 小时至胶粒呈白色或黄褐色即可。对细孔硅胶，焙烧温度不能超过 200℃。

ⅱ. 漂洗法。

将硅胶在饱和水蒸气中吸附达到饱和后放热水中浸泡漂洗，并可结合使用洗涤剂以除去废油或其他有机杂质，再经净水洗涤后烘干脱水。

ⅲ. 溶剂冲洗法。

根据硅胶吸附有机物种类，选用适当的溶剂将吸附在硅胶内的有机物溶出，然后将硅胶加热以脱除溶剂。

③ 硅胶再生应注意的问题。

ⅰ. 烘干再生时应注意逐渐提高温度，以免干燥过快引起胶粒炸裂，降低回收率。

ⅱ. 对硅胶焙烧再生时，温度过高会引起硅胶孔结构的变化而明显降低其吸附效果，影响使用价值。对于蓝胶指示剂或变色硅胶，脱附再生的温度应不超过 120℃，否则会因显色剂逐步氧化而失去显色作用。

ⅲ. 经再生后的硅胶一般应过筛除去微细颗粒，以使颗粒均匀。

(5) 硅胶的贮存与包装。

硅胶具有强的吸湿能力，因此应贮存在干燥地方，包装物与地面之间要有搁架。包装物有钢桶、纸桶、纸箱、塑料瓶、聚乙烯塑料复合袋、柔性集装袋等。运输过程中应避免雨淋、受潮和曝晒。

（6）硅胶的应用。

概括地讲，硅胶是一类高活性的吸附材料，但硅胶具体地又分为多品种、多规格，其产品的应用上除由共性决定的某些用途外，各种硅胶又因其孔结构、化学纯度、颗粒形状与分散程度等方面的差异而又具有自己的适用领域，以下介绍几种主要的用途。

① 硅胶用于除湿。

ⅰ. 静态干燥。

在贮存机械、金属材料、精密仪器、电器测量仪表、药品、食品、美术作品和其他日用轻化工、纺织物品时，即使是放在气密性较好的包装容器内，在较长的存放期内也很难防止湿气侵蚀。为了维持存放物品的环境具有适当的平衡湿度，可根据环境的容积、气体条件等放入一定量的硅胶。具体选用细孔还是粗孔，则需要根据它们各自的特点与物品对存放环境的湿度要求，有时亦可配合使用。

ⅱ. 动态干燥。

在动态条件下干燥（在某些情况下同时可以净化）工业气体、压缩空气、石油裂解气、水煤气、天然气等或用于空气调湿。在这方面的应用中，一般要考虑满足干燥效果和达到必要露点的设计条件。

② 硅胶用于指示。

如硅胶指示剂和变色硅胶，它们除具有硅胶的除湿性能，又可以通过吸湿程度不同改变自身的颜色，从而指示出环境相对湿度的变化。它们既可配合其他硅胶使用，亦可单独使用。

③ 硅胶用于催化或做催化剂载体。

粗孔块、粗孔球、粗孔微球、硅酸等硅胶产品因其良好的孔结构和热化学稳定性而被用于催化过程，或作为载体分散催化活性物质组分。

④ 硅胶用于净化、分离与制备。

不同品种的硅胶可分别用于多方面的物质制备和净化，如石油制品中脱除芳烃、发酵品中吸附高分子蛋白、油质除酸以及高纯度物质的制取和药物分离。

⑤ 硅胶用于分析。

如薄层、柱层、液相色谱用硅胶及活化硅胶等均可运用其选择性吸附的特点分离和检出各种产品的有效成分或杂质，也可用于气体监测。

⑥ 其他应用。

高效干燥剂、硅酸、白炭黑等硅胶产品也都有自己的特殊用途，如白炭黑用做补强剂等。

二、硅胶的发展简史与展望

硅胶出现于 1881 年，至今已有 100 多年的历史，但当时只是通过实验对硅胶有所认识。直至第一次世界大战期间，由于化学武器的出现，硅胶才有了小规模的制备，作为吸附剂用于防毒面具。1920 年，美国戴维森化学公司在此基础上进行半工业化生产；而后，随着硅胶用量的扩大，该公司在 1928 年建成了硅胶生产的大型工业化装置。

第二次世界大战后，随着现代化工业的迅速发展，各工业化国家对硅胶产品的研究和开发取得了显著的进展，作为吸附剂、分散剂、补强剂、催化剂和催化剂载体在许多领域（如化工、橡胶、塑料、石油化工、重工、医药和食品等行业）得到广泛应用。在美国、日本、前苏联和原西德等工业发达国家相继进入系列化生产阶段，即根据不同的用途、生产一系列物理结构不同（如不同的孔径、比表面、孔容、颗粒形状和尺寸等）、纯度要求不等的多品种、多规格的产品。

我国 1955 年开始硅胶生产，主要是为军工服务，执行前苏 гост3956—54 标准。至 20 世纪 60 年代初，由于硅胶在其他领域的应用，硅胶的生产和研究得到加强，生产由单一的块状硅胶发展到多品种，相继出现了球形、微球形硅胶、活化硅胶、蓝胶指示剂、高效干燥剂等。进入 70 年代后，随着国内工业化的进程，硅胶生产得到进一步发展，从产品产量、生产技术到系列化生产都进入一个新的发展时期，许多品种的质量也已经达到先进的工业化国家的水平。我国是硅胶的生产大国，生产能力和产量居世界第一位，产地主要集中在山东沿海地区，特别是青岛、乳山、潍坊等地，硅胶产品主要销往美国、日本、韩国、欧洲、东南亚等 30 多个国家和地区。20 世纪 90 年代，随着 B 型硅胶、C 型硅胶、粗块硅胶的开发成功，特别是粗块硅胶作为宠物垫料进入欧美市场，硅胶形成了跨越式发展，产量成倍增长。

近几年，硅胶产品盲目扩张、生产能力远远大于需求，基础硅胶由于生产技术简单，技术含量低，耗费了大量的人力、能源和资源，获得的利润却非常低，导致行业内产能过剩，而高技术、高附加值的微粉硅胶和专用硅胶产品仍然为国外公司所垄断，高档次的硅胶产品仍需大量进口，因此，开发研制技术含量高、附加值高的专用硅胶产品是我国硅胶企业的头等任务。

三、拓展阅读——青岛海洋化工有限公司

青岛海洋化工有限公司始建于 1961 年，经过 50 多年的发展，目前已经成为亚洲规模最大、门类品种最全、技术最先进的硅胶、硅溶胶系列产品的研究、开发、生产企业。

青岛海洋化工有限公司倡导“以人为本”的管理理念，崇尚“顾客至上”的营销思想；企业文化的精神是“团结、奉献、务实、创新”。青岛海洋化工有限公司有员工 1200 余人，其中各类专业技术人员 260 人，聚集了国内硅胶行业 60%以上的优秀人才，公司可以根据客户的要求自主研发、生产各种产品来满足用户的需求。

作为中国硅胶的发源地，自 1961 年研发出细孔硅胶以来，始终保持着“海洋”牌硅胶在国内的生产，技术领先地位。产品已经达到了 30 多个系列 200 多种规格，产品自 1980 年连续三届荣获国家质量金奖，是山东省名牌产品，产品畅销全国和世界 30 个国家和地区，在国内外市场享有盛誉。

目前，“海洋”牌硅胶产品主要应用在石化产品的磁化裂化催化剂或催化剂载体、石化产品的脱水和净化、精炼工业的脱水和提纯、碳氢化合物的回复应用、工业气体的干燥和空气净化、天然气的干燥和净化、化工分离以及香精或香味的载体。此外，还用于包装防潮干燥剂、家用空气清新剂、除味剂和宠物垫料。

在应用于精密铸造、造纸工业、耐火材料、催化剂工业、涂料以及纺织业方面，“海洋”牌硅胶以其优良的产品性能而广受赞誉。近年来，又研制出了大粒径硅溶胶、氨稳定硅

溶胶和中性硅溶胶，市场推广前景非常好。

青岛海洋化工有限公司为了更好地服务于用户，贡献于社会，以自强不息、永不满足的精神，苦练内功，不断提升企业自身的管理水平。公司设有省级企业技术中心，1996年和2005年分别在国内行业中率先通过了ISO9001：2000国际质量体系认证、ISO14001：1996环境管理体系认证。

任务二　硅胶生产工艺路线分析与选择

知识目标

1. 了解硅胶和硅溶胶的生产历史；
2. 了解硅胶的生产方法。

能力目标

能对硅胶几种生产方法进行简单比较。

素质目标

1. 良好的语言表达能力；
2. 一丝不苟、实事求是的工作态度。

（一）布置任务

利用各种信息资源查找硅胶和硅溶胶生产方法的历史演变过程。

（二）任务总结

1. 硅胶生产的历史。

我国硅胶生产开始于1956年，由青岛海洋化工厂（即现在的青岛海洋化工有限公司）开发成功。

国内从事硅胶生产的工厂主要有青岛海洋化工厂、上海硅胶厂、南京无机化工厂、大连金光化工厂等十几个工厂。国外硅胶的主要生产国有美国、日本、前苏联、原西德、英国等。美国的硅胶生产历史最为悠久，1920年戴维森化学公司就开始工业化生产。国外硅胶产品品种也较多。

2. 硅溶胶生产的历史。

硅溶胶首先由英国人研制出来，最早通过水玻璃交换制得。通过近百年的发展，硅溶胶的生产工艺已十分成熟。硅溶胶的制备就原理而言分为两种。

① 凝聚法。利用溶液中化学反应生产的SiO_2超微粒生长、成核制得硅溶胶。

② 分散法。利用机械将SiO_2微粒在一定条件下分散到水中。就工艺而言分为离子交换法、硅溶解法、电解质渗析法、胶溶法、酸中和法、分散法等多种工艺。青岛海洋化工有限公司用离子交换法制备硅溶胶。

国内从事硅溶胶生产的有青岛海洋化工厂、上海试剂二厂、成都化学试剂厂、兰州化工研究院、温州催化剂厂等。生产品种较少，主要是钠稳定低浓度硅溶胶、氨稳定高浓度硅溶胶。

国外硅溶胶产量较大，如美国杜邦公司、美国那柯化学品公司、英国孟山都公司等。

3. 硅胶的生产方法。

硅胶的生产方法有很多种，其中硅胶的主要生产方法有以硅烷卤化物为原料的气相法、以硅酸钠和无机酸为原料的化学沉淀法、以硅酸酯等为原料的溶胶-凝胶法和微乳液法。

气相法制备硅胶都是以硅烷氯化物为原料，价格昂贵，操作复杂危险，大规模生产硅胶的成本太高。以硅酸酯为原料的溶胶-凝胶法成本高，操作周期长。而微乳液法生产硅胶价格昂贵，污染环境。化学沉淀法的原料是硅酸钠和无机酸，操作简单，原料廉价易得，生产成本低，适合于工业化生产。

任务三 硅胶生产的工艺流程组织

知识目标

熟悉硅胶的生产原理和工艺流程。

能力目标

能对硅胶生产工艺流程进行解析。

素质目标

1. 良好的语言表达能力；
2. 一丝不苟、实事求是的工作态度；
3. 安全生产、清洁生产的责任意识。

（一）布置任务

解析硅胶生产的工艺流程。

（二）任务总结

1. 生产原理。

硫酸与硅酸钠反应生产多硅酸与硫酸钠，其中的硫酸钠成分经酸泡、水洗过程逐步除去，过多硅酸在老化缩水以及烘干过程中形成微孔结构，是具有较高机械强度的颗粒制品。化学反应为

$$Na_2SiO_3 + H_2SO_4 \longrightarrow H_2SiO_3 \cdot nH_2O + Na_2SO_4$$

$$\xrightarrow{\text{缩聚}} SiO_2 \cdot nH_2O + (1-n)H_2O$$

2. 生产原料。

硅胶生产所用的原料一般为40Be的泡花碱（Na_2SiO_3）和浓度为92.5%或98%浓硫酸（H_2SO_4），此两种原料具有来源充足、生产成本较低、产品质量稳定可靠等优点。

（1）泡花碱。

泡花碱又名水玻璃，化学名称为硅酸钠，化学式为 $Na_2O \cdot nSiO_2$，也可简写 Na_2SiO_3，是一种黏稠状的胶体溶液。

（2）浓硫酸。

硅胶的另一主要原料是浓硫酸，属强酸之一，是一种重要的化工产品和化工原料。

3. 生产工艺流程。

本生产工艺流程分为原料配制、制胶、水洗、成品胶后处理及包装、老化水换热、冷凝水回收等工序。

（1）原料配制工序。

本工艺流程分为配制稀硫酸工序、配制稀硅酸钠工序、配制含铝硅酸钠工序、配制微酸工序、配制硫酸铝工序、配制热水工序等。

稀硫酸溶液的配置是在带空气搅拌管道的防腐罐里完成的。在配置时先将计量的自来水放入酸罐内，开启空气搅拌和冷却水，按规定的速度加入计算量的浓硫酸。待稀酸降温后取样分析，合格后放置备用。

稀硅酸钠溶液的配置是在水泥池或者钢铁储存罐中进行的。配置时先将浓硅酸钠溶液按计算量用泵输入到上述容器中，然后逐渐加入计算量的自来水，并开启压缩空气进行搅拌，待取样分析合格后停止搅拌，放置备用。上层清液用于制备硅胶，下层残液经压滤后，清液用于再次配置。

含铝硅酸钠的配制是在稀硅酸钠溶液中加入固体氢氧化铝，不断搅拌至均匀待用。含铝硅酸钠主要用于制备硅铝胶。

微酸的配制要根据微酸的用途分别配置，鼓气均匀取样化验合格后备用。

其他配置不再介绍。

（2）制胶工序。

制胶是一种酸碱中和反应，它是将配置好的硫酸溶液和硅酸钠溶液分别用压缩空气通过酸碱管道运送到反应器（喷头）中进行强化混合中和反应而完成的。

制胶过程分为两个阶段完成，中和反应开始形成硅酸溶液，随即硅酸溶液进行缩合反应形成半固体状的凝胶-硅酸水凝胶。硅酸溶液向凝胶的转化过程随着中和反应控制的 pH 而变化，pH 在中性时凝胶化速率最快，pH 从中性向酸性或碱性变化，则凝胶化速率均减慢。同时，反应温度提高，凝胶化速率加快，相反则减慢。另外，反应时溶液浓度（即二氧化硅浓度）增加，凝胶化速率加快，反之则减慢。硅酸溶胶形成硅酸水凝胶是一种缩合反应。在缩合过程中硅酸分子相互结合形成长链并且释放出水和氢氧根离子。目前比较常用的制胶方法概括起来有以下几种。

① 喷射制胶法。

该法是通过压缩空气分别将储存在两罐内的标准硫酸溶液和硅酸钠溶液压出，并沿着罐和喷头（混合罐）的连接管同时进入喷头进行强化反应，合成的硅酸溶液喷入老化槽保温老化（块状硅胶）或经接收器至老化带老化（球形硅胶）。该制胶方法是目前最常用的方法。青岛海洋化工有限公司的硅胶生产也是用的喷射制胶法。

② 烃类介质成球法。

该方法是在喷射制胶的基础上，将喷头与一分配伞或其他分配容器按规定连接后，通过喷头强化反应生产的硅酸溶液流入分配伞浸入油中成形。另外，微球形硅胶成球是硅酸溶液通过喷头直接喷入油中成球。

③ 喷雾干燥制球胶方法。

该方法是将硅酸溶液或经处理的硅酸溶液进行打浆，并调节成一定浓度的浆状液，然后经过压力容器，在一定压力下通过喷雾装置喷入高温气流中干燥成球。

④ 黏合成球法。

该方法是将产品硅胶粉碎研磨成一定大小的颗粒，在专用成球设备中加入硅胶粉，喷入黏合剂，在转动过程中成球。

(3) 水洗工序。

水洗的目的是用水洗去水凝胶中大量的硫酸钠及其他杂质(如钙、镁、铁的硫酸盐和微量酸等)。水洗工序是生产硅胶的关键工序，此工序基本上决定了硅胶产品的内在质量水平。水洗工序主要包括老化、酸泡、水洗三个部分。

① 老化：将冲胶水循环加热到工艺控制温度。

② 酸泡：将冲胶水放掉，将配好的微酸加入水洗罐中，酸泡时间大于 6 小时。

③ 水洗：酸交换结束后，放掉废酸水，用配置好的热水，采用串三以上方式进行水洗，在串洗的同时开泵自身循环，水洗终点达到要求后停止水洗。

采用不同的水洗终点和后处理方式，可以制得不同品种的硅胶产品。水洗用水的各项指标对硅胶质量有很重要的影响。一般来讲，在弱酸性的水中形成的硅胶孔径相应较小，而在碱性水中形成的硅胶孔径较大；水凝胶的内部与外表面的含盐量、硬度、碱度均有不同程度的差别，甚至差别很大。在这种情况下，烘干时容易产生裂缝和开裂，影响硅胶的质量。水循环搅拌是一种强化水洗措施，它能提高水凝胶胶层的水洗均匀性，节约水洗时间及用水量。另外，适当提高水温可使盐类的溶解度增加，有加速溶盐作用，并可促进水凝胶的缩合反应，使水凝胶进一步扩孔。但水温过高也会消耗过多能耗，故水洗用水的温度一般控制在 30℃～50℃范围为宜。

(4) 成品胶后处理及包装工序。

得到的湿硅胶接下来将进行干燥、筛选和包装。水洗后的湿胶通过捞胶带输送到湿胶料仓。同时捞胶水流入捞胶水池，再通过捞胶水泵输送到捞胶管道和正在捞胶的水洗罐。湿胶在三层烘干网带上烘干后落至吸料池，再经吸料风机输送到沸腾床干燥机，干燥后的硅胶通过大倾角挡边输送带依次进入直线振动筛和选球机，球胶根据粒径进入到相应的成品胶料仓，最后将产品用移动小包装机和移动大包装机进行包装。

① 干燥。

在后续的干燥过程中将不可避免地引起凝胶表面的开裂，而导致凝胶开裂的应力主要源于毛细管压力，这种由填充于凝胶骨架孔隙中液体的表面张力所引起的毛细管压力，使凝胶收紧重排，体积收缩，因此可以采用以下几种措施减少干燥过程中的体积收缩、塌陷的程度。

ⅰ. 减少溶剂表面的张力。通过溶剂替换，用表面张力小的溶剂将水或其他表面张力较大的溶剂替换出来。这些表面张力小的溶剂蒸发干燥时，附加压力将大大减小，从而降低干燥过程中的开裂。

ⅱ. 改善凝胶中孔洞的均匀性。添加控制干燥的化学添加剂，能促使凝胶的孔洞均匀，产生比较均匀的凝胶孔结构，从而可以减少干燥过程中凝胶破裂的可能性，缩短干燥周期。

ⅲ. 凝胶的表面修饰。调节和控制凝胶表面羟基的数量和表面电性，使凝胶骨架表面具有一定的憎水性，从而使骨架和溶剂之间的接触角增大，这样就能大大减小毛细管的附加张力。进而减少干燥过程中的体积收缩、塌陷程度。

烘干过程中要调节升温程序或采取保护措施，即增设过饱和蒸汽或近饱和蒸汽装置，保护水凝胶干燥按最佳速率进行。目前，国内硅酸水凝胶主要的干燥方式有如下几种。

ⅰ. 隧道热风干燥：该干燥方法是将硅酸水凝胶脱水，装入搪瓷盘内，再将搪瓷盘放上烘干车，将车推入有热风的隧道内进行干燥。隧道内装有蒸汽散热片，横向或纵向循环热风装置。烘干车从低温段向高温段定期推进。

ⅱ. 网带式干燥：该干燥方法是将水凝胶经输送带初步脱水后，通过加料仓进入烘干网带，网带在烘干隧道内经过预热段、干燥段、降温段缓慢向前移动。最终得到干燥的硅胶产品。该方法的显著特点是自动化程度高。将传统方法的捞胶、装车及出车过程简化，减松劳动强度，提高劳动生产率。

ⅲ. 微波干燥：因水凝胶中含有一定量的水分，而水是极性分子，它在快速变化的高频磁场作用下，其极性取向随着外电场的变化而变化，造成分子的运动相互摩擦效应，此时对微波场的场能转化为介质内的热能，加热水分造成汽化，可以形成往外喷射的水蒸气压力。驱使硅胶内部的吸附水沿毛细结构向外运动，从而极大地提高了水分排出率。此烘干方法最大的特点是烘干速度快、节省能耗，缺点是烘干大于20%水分的水凝胶易出现炸裂、凝碎现象，影响硅胶的质量。

② 筛选、包装。

干燥合格的硅胶经过不同筛网尺寸的筛选机进行筛分分级，然后进行包装。包装一般分内包装和外包装两层。内包装通常采用聚乙烯塑料袋，袋内装硅胶，袋口扎紧。外包装通常采用纸箱、纸板桶、镀锌铁桶、塑料编织袋等。包装后的硅胶外包装喷涂相应的商标图样、品名、规格、批次、净重、总重、厂名、生产日期和严防受潮、小心轻放等字样和标识，经检验合格后，办理入库。

任务四　硅溶胶生产的工艺流程组织

知识目标

熟悉硅溶胶的生产原理和工艺流程。

能力目标

能对硅溶胶生产工艺流程进行解析。

素质目标

1. 良好的语言表达能力；
2. 一丝不苟、实事求是的工作态度；
3. 安全生产、清洁生产的责任意识。

（一）布置任务

解析硅溶胶生产的工艺流程。

（二）任务总结

1. 物理化学性质。

硅溶胶又称为硅酸水溶液，化学式是：$mSiO_2 \cdot nH_2O(m \ll n)$，是水化的二氧化硅的微粒分散于水中的无色半透明或乳白色的胶体溶液，是一个热力学不稳定体系。遇到电解质等溶胶被破坏时，二氧化硅粒子互相聚集而形成凝胶并不再恢复原状，加热凝固成硅胶，0℃以下则成黏液，其胶粒一般 1～100 nm 范围内，粒子比表面积为 50～400 m^2/g，工业上用得最多的是粒径 10～20 nm 的产品，并加有少量稳定剂的水溶液。从硅溶胶所表现出的 pH 不同，硅溶胶分为碱性硅溶胶和酸性硅溶胶。

硅溶胶是含有大量的水化二氧化硅的分散体系，它的最大特征是具有巨大的表面自由能。根据最小自由能原理，储存着大量的自由能的体系，是一个热力学不稳定体系，胶粒会自动凝结为大颗粒。但是，实际上硅溶胶还是可以保持相当长的时间，通常一年以上，甚至几年不凝胶、不沉淀，始终保持溶胶状态。这是为什么呢？其原因在于硅溶胶特殊的胶体双电层结构。图 5-1 表示了硅溶胶的胶团结构及双电层示意图。

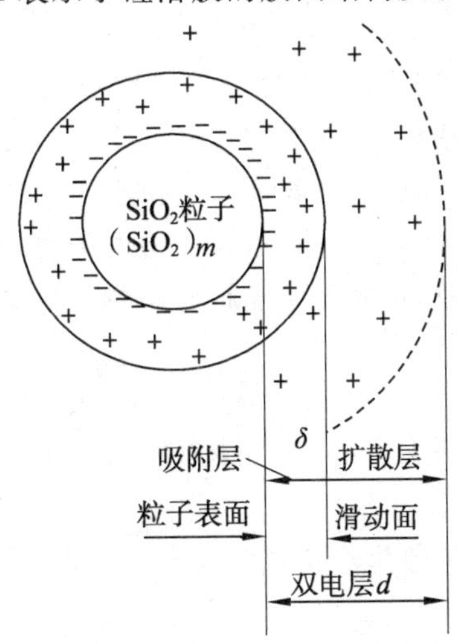

图 5-12 硅溶胶的胶团结构及双电层示意图

图中的胶团中心是胶核，它是由成千上万个 SiO_2 粒子组成的紧密聚合体。胶核不溶于水，它可以从周围水溶液中有选择性地吸附某种离子而带有电荷。同时，与之带有相反电荷的反离子由于静电作用则一部分紧密聚在吸附层内，另一部分以扩散形式分布在水中，吸附层内的反离子由于受到胶核的静电吸引，当胶核运动时，这些反离子连同吸附层内的水分子将一起移动。胶核和吸附层所构成的粒子称为胶粒,胶粒是负电性的。胶粒和它周围的扩散层所组成的胶团是电中性的。硅溶胶的稳定性主要决定于胶粒的电荷性。但是,实际上情况相当复杂,这是因为稳定性决定于两个主要因素:胶粒间的吸引位能和胶粒间的排斥位能综合效应的结果。距离越大,其双电层未重叠时,粒子间的作用力是远程作用的范德华引力(与距离 H 的二次方成反比),当粒子靠近到一定距离以至于双电层重叠时,则排斥力会起到主要作用,阻止胶粒的凝聚。因此,胶粒要互相聚结在一起,必须克服一定的"势垒",这个势垒就是吸引位能和排斥位能的总效用。另外,胶粒还处在不停顿的无规则运动(即布朗运动)之中。在一般情况下,溶胶中布朗运动能不足以翻越能量峰,因此从动力学角度来看硅溶胶是稳定的,故可能长时间保持稳定。但电解质对硅溶胶的稳定性有很大影响。当电解质浓度小时,在很大距离内有斥力,能峰极大,离子不容易翻越。当电解质浓度大时,双电层被压缩而减薄,电位降低,斥力下降,能峰小,粒子就容易翻越,而发生硅溶胶团的凝聚。因此,假若由于某些原因改变溶液的 pH 或加电解质,会使得静电斥力减小,排斥势垒下降或消失,胶粒动能冲破势垒屏障,胶粒就会因碰撞而聚结。

总结上述分析,在硅溶胶的溶胶系统中,聚结的倾向总是大于分散的倾向,稳定剂的存在虽能使溶胶获得相对的稳定,但不能根本改变溶胶的热力学不稳定、分散度易变的特性。简而言之,溶胶系统的稳定是暂时的,凝结是绝对的。

2. 用途。

硅溶胶具有很多优良性质和特点。作为一种精细化工产品,是被广泛应用于化工、精密铸造等领域的优良无机黏结剂。

3. 生产原理。

离子交换法又称为粒子增长法。这种方法采用水玻璃为原料,经过离子交换反应,品种的制备、粒子增长反应、浓缩、纯化等过程制备出硅溶胶产品。

硅酸钠经树脂交换后,被树脂中的氢离子交换出其中的钠等阳离子,成活性硅溶胶。此活性硅溶胶以一定流速加入到反应罐中,在一定的温度、pH 的条件下,粒子之间互相碰撞黏结长大而成为稀硅溶胶,稀硅溶胶经超滤器脱水浓缩后,浓度升高,达到一定浓度后制成成品硅溶胶。

化学反应方程式为

$$R-SO_3H+Na_2SiO_3 \longrightarrow RSO_3Na+mSiO_2\cdot nH_2O$$

4. 生产原料。

硅溶胶生产所用的原料一般为泡花碱(Na_2SiO_3)、盐酸(HCl)、稀烧碱溶液和阳离子树脂。

5. 生产工艺流程。

本生产工艺分为原料配制、离子交换、长粒径、超滤、包装等工序。

(1) 配制工序。

本工艺流程分三部分:配制稀盐酸、配制稀硅酸钠溶液、配制稀烧碱溶液。

稀盐酸的配制是将浓盐酸和水在盐酸混合器内充分混合,待混匀后备用。

稀硅酸钠溶液的配制是将浓硅酸钠和水在混合器内充分混合,混匀后的稀硅酸钠溶液经换热器换热后输送至储罐储存备用。

稀烧碱溶液的配制是加完纯水后，手动打开鼓气阀门，将浓烧碱输送至稀烧碱罐，浓烧碱加完后，继续鼓气10分钟，鼓气结束后备用。

(2) 离子交换工序。

在离子交换釜内加入树脂，并使其保持活性，加入纯水，开启搅拌，搅拌均匀后加入稀硅酸钠溶液，搅拌10分钟，此时硅酸钠溶液中Na^{+}与阳离子树脂上的H^{+}进行离子交换，H^{+}与硅酸钠溶液中的SiO_3^{2-}化合成具有活性的稀聚硅酸溶液。开启送料阀门和送料泵，将活性硅溶胶送入稀料储罐，并向交换釜中加纯水，搅拌后将送入稀料储罐。送料结束后，关闭送料阀，打开排底沟阀门，向交换釜中加稀盐酸溶液进行树脂再生；再生结束后，加入自来水进行水洗，水洗结束后加入纯水，搅拌10分钟，备用。

离子交换过程是一个间歇操作过程，是交换和再生轮换进行的。每一次硅酸钠的交换量与离子交换树脂的理论交换量有关，与装填的树脂总量有关，与再生的好坏有关。交换量的多少直接影响产品的产量和质量。树脂的再生采用逆流再生，这不仅可以节省再生剂和再生时间，而且易于彻底再生，保持始终较好地发挥树脂的离子交换功能，离子交换工序是生产硅溶胶的关键工序。

(3) 长粒径工序。

将硅酸钠经过离子交换树脂生成活性硅酸后，先用稀碱稳定，经离子交换后的聚硅酸溶液浓度很低，稳定性差，其pH在2～3之间，需要加入少量的稳定剂，如NaOH溶液。稳定剂的加入必须是在搅拌状态下定量地快速一次性加入，以便体系快速地超越中性区，到达pH为8.5～10.5的稳定区，从而得到稳定的聚硅酸溶胶，然后进行粒径的增长和浓缩。

(4) 超滤工序。

硅溶胶的浓缩工艺也是生产硅溶胶的重要步骤。要想生产出高浓度、低黏度、稳定的硅溶胶产品，很大程度上取决于浓缩方法。硅溶胶的浓缩方法，国外在很多专利文献中都有简单介绍，归纳起来可以分为两大类：一类是超滤法，一类是蒸发法。前者用超滤器进行浓缩，后者采用常压、减压、加压装置及其结合装置进行浓缩，也有用蒸发法和超滤法结合起来进行。

目前，青岛海洋化工有限公司生产硅溶胶的浓缩方法为超滤法。超滤法是一种较为先进的制备硅溶胶的方法。超滤法就是用超滤器进行浓缩。超滤器和过滤器不同，超滤器所用的超滤膜只允许水及可溶性的盐通过，不允许溶胶颗粒通过，可见该方法比较有效，它不仅能除去稀溶胶中的水分，而且能除去少量的离子或易溶物。超滤能否按预想的目的进行，关键是要有适用的超滤膜。由于超滤过程无粒子长大的过程，因此要制得具有一定粒径的硅溶胶，必须在超滤前使胶粒长大。采用常温超滤浓缩，节约能源，节省工时，降低成本，经济效益较好。

浓缩的好坏主要表现在以下几个方面：第一，粒径要适当的大，且可以根据应用场合对粒径的要求不同，而在浓缩的过程中可以调节；第二，溶胶的透明性好，黏度低；第三，储存稳定期长，至少一年以上。这三个方面，其中粒径应该是主要的，特别是浓度越高，则对粒径的要求越大。

(5) 包装工序。

浓缩好的硅溶胶，根据客户要求加入各种助剂，搅拌均匀后，即可进行包装。包装前取样检验，合格后方可包装入库。

6. 工艺流程简图。

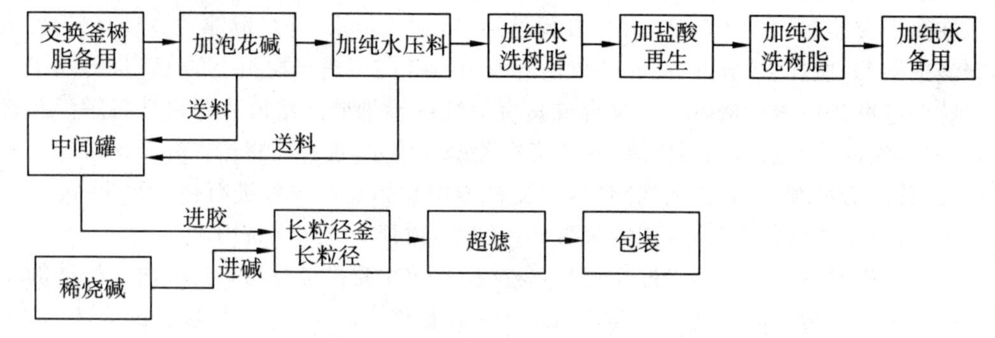

图 5-13 硅溶胶生产工艺流程简图

任务五 硅胶安全生产与防护

知识目标

1. 熟悉硅胶的贮存方法；
2. 了解硅胶的防护和应急处理方法。

能力目标

能排除硅胶贮存、使用和生产中的事故。

素质目标

1. 良好的语言表达能力；
2. 一丝不苟、实事求是的工作态度；
3. 安全生产、清洁生产的责任意识。

一、硅胶安全生产与防护

(一) 布置任务

利用各种信息资源查找硅胶贮存方法、防护及应急处置方法。

(二) 任务总结

1. 硅胶的贮存。

由于硅胶具有干燥的作用，因此要很好地贮存硅胶就要把它存放在干燥的地方，注意包装要和地面之间有搁架，可以用钢桶、纸桶、纸箱塑料瓶等来进行包装。在运输的过程中，一定要避免雨淋、受潮还有暴晒。

2. 硅胶的防护。

硅胶可以用做干燥剂，它的结构是微孔型的，对水分子具有良好的亲和力，最适合它的吸湿环境是室温在20℃～32℃、高湿60%～90%，能够使环境的相对湿度降低到40%左右。由于它的强吸附力，对人的皮肤也能够起到干燥的作用，因此在制作硅胶的时候要穿好工作服，如果有硅胶不慎进入眼睛，就要用大量的水来冲洗，并且要尽快找医生治疗。

有色硅胶因为含有少量的氧化钴，有毒性，要避免与食品接触、吸入口中，如果不小心发生了中毒事件，一定要尽快找医生。

3. 制胶注意事项。

(1) 制胶时随时检查喷头，防止堵塞。

(2) 制胶时检测凝胶 pH、接收器循环水 pH 及反应温度。

(3) 注意观察接收器的液位，随时补充自来水。

二、拓展阅读——硅砂(猫砂)

(一) 猫砂产品

青岛海洋化工有限公司于1994年首次与日本庄臣公司联合研制成功硅胶猫砂，并于1995年进入日本猫砂市场。1998年与美国H.V公司合作，又成功地将猫砂产品打入美国市场，并首家推向欧洲市场。目前青岛海洋化工有限公司的各种猫砂产品已进入欧美发达国家的大型宠物连锁店和超市，受到了广泛欢迎和好评。1998年国家经贸委授予青岛海洋化工有限公司硅胶猫砂为“国家级新产品”，1999年硅胶猫砂又荣获美国“宠物新产品博览会”金奖和美国“十大畅销产品”的称号。

青岛海洋化工有限公司是硅胶猫砂生产技术的开创者和领导者。

(二) 用途

1. 吸附能力强，吸收速度快。

该猫砂能在数秒钟之内吸收宠物的粪便、尿液以及由此而产生的异味；并能扼制细菌生长，保持猫砂表面的干燥、清洁，使宠物环境卫生安全；同时还能对空气中的易挥发性气体、水分进行吸附，因此可以起到空气清新剂的作用，使空气清新，环境干净、清洁。由于硅胶猫砂独特的性能，在使用过程中垃圾量极少，因而减少了主人的劳动强度，更有效地保持了环境卫生。

2. 用量少、使用时间长。

一袋3.6 L左右的猫砂可供一只猫持续使用一个月。

3. 多彩多味，宠物喜欢。

多种多样的彩色猫砂以及不同的香味猫砂对宠物具有特殊的吸引力，很容易被宠物所接受。

思考题

1. 简述硅胶的性能和用途。

2. 简述硅胶的生产原理和工艺流程。
3. 简述硅溶胶的生产原理和工艺流程。
4. 实验室所用的蓝色硅胶是如何指示颜色的？原理是什么？
5. 硅胶干燥剂遇水会发生什么？

项目六 醋酸生产

项目说明

醋酸又称乙酸，广泛存在于自然界。它是一种有机化合物，是烃的重要含氧衍生物，是典型的脂肪酸。通过本项目的学习，使学习者了解醋酸的基本性质和用途，了解醋酸工业的基本情况及醋酸的生产方法，掌握影响醋酸生产的工艺条件及影响因素，熟悉醋酸的生产工艺流程及醋酸安全生产操作规程；同时，在学习过程中，培养良好的团队协作能力、良好的语言表达和文字表达能力以及安全生产、清洁生产的意识。

任务一 醋酸工业概貌检索

知识目标

1. 了解国内外醋酸工业的发展情况；
2. 掌握醋酸的理化性质；
3. 掌握醋酸的工业用途。

能力目标

1. 能够熟练利用工具书、网络资源等查找醋酸生产有关知识；
2. 能够对收集的信息进行分类和归纳。

素质目标

1. 良好的语言表达能力；
2. 团结协作的精神。

一、醋酸的性质

（一）布置任务

检索醋酸的基本性质。

具体任务内容包括：检索醋酸的俗名、化学式，以及外观、沸点、熔点、相对密度、折光率、溶解性、典型性质。

（二）任务总结

醋酸是一种有机化合物，又叫做乙酸，别名为醋酸、冰醋酸，化学式为 $C_2H_4O_2$（常简写为 HAc）或 CH_3COOH，是最重要的有机酸之一，在有机化学工业中处于重要地位。醋酸是典型的脂肪酸，被公认为食醋内酸味及刺激性气味的来源。

纯的无水乙酸（冰醋酸）是无色的吸湿性液体，凝固点为 16.7℃（62°F），凝固后为无色晶体。尽管根据乙酸在水溶液中的离解能力，它是一种弱酸，但是乙酸具有腐蚀性，其蒸汽对眼和鼻有刺激性作用。

1. 乙酸的基本物理性质。

乙酸为无色液体，有刺鼻的醋味。当温度低于它的熔点时就凝结成冰状晶体，所以又叫做冰醋酸。

乙酸沸点为 117.9℃，熔点为 16.6℃，相对密度为 1.0492，折光率为 1.3718，能溶于水、乙醇、乙醚、四氯化碳及甘油等有机溶剂。

2. 乙酸的基本化学性质。

乙酸具有典型的羧酸性质。羧酸是由烃基与羧基相连构成的有机酸。

(1) 中和反应。

醋酸是弱酸，可以跟碱反应生成盐和水，如：

$$CH_3COOH + NaOH \longrightarrow CH_3COONa + H_2O$$

(2) 取代反应。

醋酸羧基上的 OH 可发生取代反应，如：

① 酯化反应：$R-COOH + R'OH \longrightarrow RCOOR' + H_2O$

② 成酰卤反应：$3RCOOH + PCl_3 \longrightarrow 3RCOCl + H_3PO_3$

③ 成酸酐反应：$RCOOH + RCOOH$（加热）$\longrightarrow R-COOCO-R + H_2O$

④ 成酰胺反应：$CH_3COOH + NH_3 \longrightarrow CH_3COONH_4$

CH_3COONH_4（加热）$\longrightarrow CH_3CONH_2 + H_2O$

⑤ 与金属反应：$2CH_3COOH + 2Na \longrightarrow 2CH_3COONa + H_2\uparrow$

$2CH_3COOH + Mg \longrightarrow (CH_3COO)_2Mg + H_2\uparrow$

(3) 脱羧反应：除甲酸外，乙酸的同系物直接加热都不容易脱去羧基（失去 CO_2），但在特殊条件下也可以发生脱羧反应，如无水醋酸钠与碱石灰混合强热生成甲烷。

$CH_3COONa + NaOH$（热熔）$\longrightarrow CH_4\uparrow + Na_2CO_3$（CaO 做催化剂）

$HOOC—COOH$（加热）$\longrightarrow HCOOH + CO_2\uparrow$

注：脱羧反应是一类重要的缩短碳链的反应。

二、醋酸的用途

（一）布置任务

检索醋酸的工业用途和下游产品。

（二）任务总结

乙酸是一种简单的羧酸，是一个重要的化学试剂，主要用于制取醋酸乙烯、醋酐、醋酸纤维、醋酸酯和金属醋酸盐等，也用做农药、医药和染料等工业的溶剂和原料，在照相药品制造、织物印染和橡胶工业中都有广泛用途。乙酸被用来制造电影胶片所需要的醋酸纤维素和木材用胶黏剂中的聚乙酸乙烯酯，以及很多合成纤维和织物。在家庭中，乙酸稀溶液常被用做除垢剂。食品工业方面，乙酸是规定的一种酸度调节剂。

1. 醋酸的用途。

(1) 工业用途。

醋酸是一种重要的有机酸，是一种重要的有机化工原料。醋酸可以用于生产消毒剂，药物，农药，面料，眼镜框架，涂料。醋酸可以制取药物。

(2) 生活用途。

醋酸可食用。用粮食酿造的醋酸可做酸味剂、增香剂（4%～5%）。浓度分别为28%、56%、99%的冰醋酸还可用做洗涤剂、杀菌剂。

2. 醋酸下游产品。

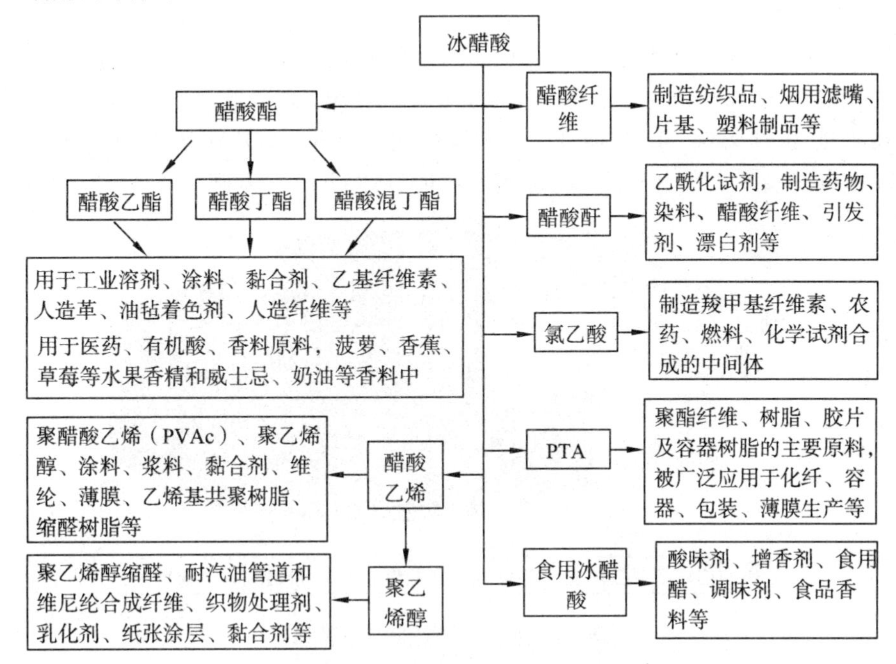

图 6-1 冰醋酸下游产品示意图

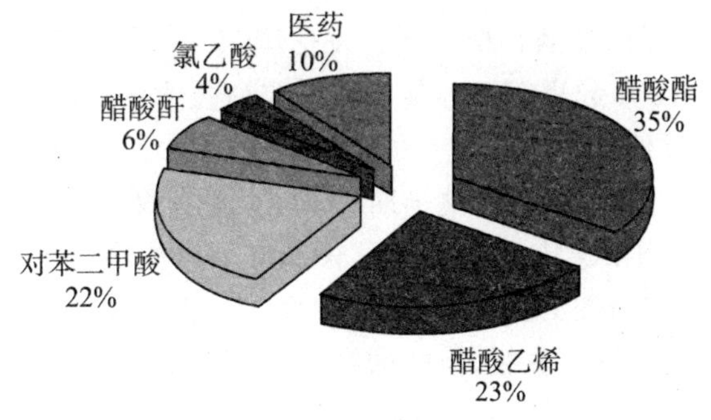

图 6-2 国内醋酸消费结构图

三、醋酸工业现状

（一）布置任务

检索国内外醋酸工业发展情况。

（1）检索近几年世界醋酸工业生产情况。

（2）检索我国醋酸工业发展历程及目前醋酸产业发展形势。

（二）任务总结

醋酸是一种用途广泛的基本有机产品，也是化工、医药、纺织、轻工、食品等行业不可缺少的重要原料。随着醋酸衍生产品的不断发展，以醋酸为基础的工业不仅直接关系到化学工业的发展，而且与国民经济的各个行业息息相关，醋酸的生产与消费正引起世界各国的普遍重视。

1. 世界醋酸生产现状。

近几年全球醋酸产能增长迅速，其中 94％的新增产能发生在亚洲，中国大陆约占 66％，中国台湾占 15％。在过去的 5 年，除了亚洲之外，中东地区共有两套新建装置投产，合计产能为 61 万吨/年，从而令中东地区醋酸产能占全球比例从 2006 年的几乎为零升至 2011 年的 4％。到 2016 年，全球醋酸产能将达到 1960 万吨。

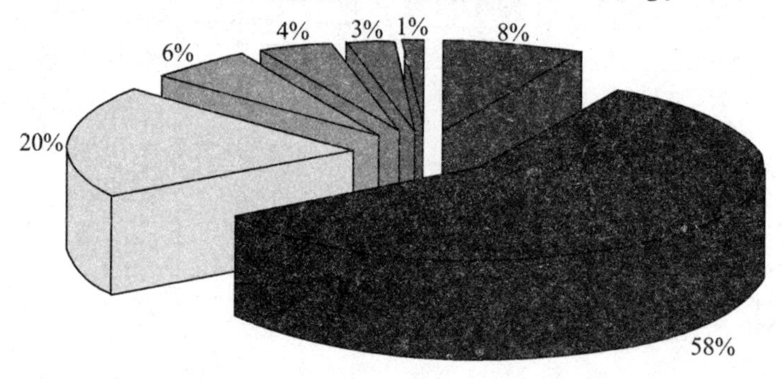

图 6-3　世界醋酸产能分布情况

2. 国内醋酸生产概况。

起初，我国醋酸工业的发展长期受制于发达国家。为加快我国醋酸工业发展，西南化工研究设计院从 1972 年起进行甲醇羰基合成醋酸技术的研发，最终完成了 20 万吨/年醋酸工业装置工艺软件包设计。该甲醇低压液相羰基合成醋酸新工艺已向兖矿集团技术转让，建设 20 万吨/年醋酸装置。早期我国东北地区醋酸生产装置均为乙烯乙醛氧化法。2003 年 7 月，中石油大庆油田甲醇厂获准将采用我国自主知识产权，建设 20 万吨/年甲醇低压羰基合成醋酸工业装置。

近年来醋酸产量增速有所放缓，但醋酸产能继续增加，国内投资建设大型甲醇羰基合成醋酸项目增多。

2011 年，我国醋酸产量增长至 425.06 万吨。2012 年，全国醋酸产量约为 430 万吨，较 2011 年小幅增长 1.16%。2013 年，醋酸产量与去年相比出现下滑。

究其原因，主要由于当前醋酸产业链产能过剩问题较为突出；下游新增产能有限，且在严格的环保要求下，装置停车较多，需求减量；国内厂家意外故障频繁，也影响了醋酸的产量。随着房地产市场的持续下行，醋酸酯、醋酸乙烯和 PTA 等醋酸下游市场持续低迷，导致醋酸行业萎靡不振，但冰醋酸产量依旧维持在较高水平。

历年来我国醋酸产能呈现逐年递增的趋势。2013 年我国醋酸产能 930 万吨，2014 年上半年在华中、西北等地增加了 50 万吨的产能，其中接近一半产能集中在华东地区，江苏、上海两省份占了全国的半壁江山。

2012 年以来，在国内醋酸产能过剩、国内外行情低迷的状态下，国内大型装置生产负荷集体下降，部分小型装置长期停车。预计随着世界经济的复苏，下游行业逐渐恢复，醋酸的需求也会稳步增长，未来我国醋酸行业依然有很大的发展潜力。

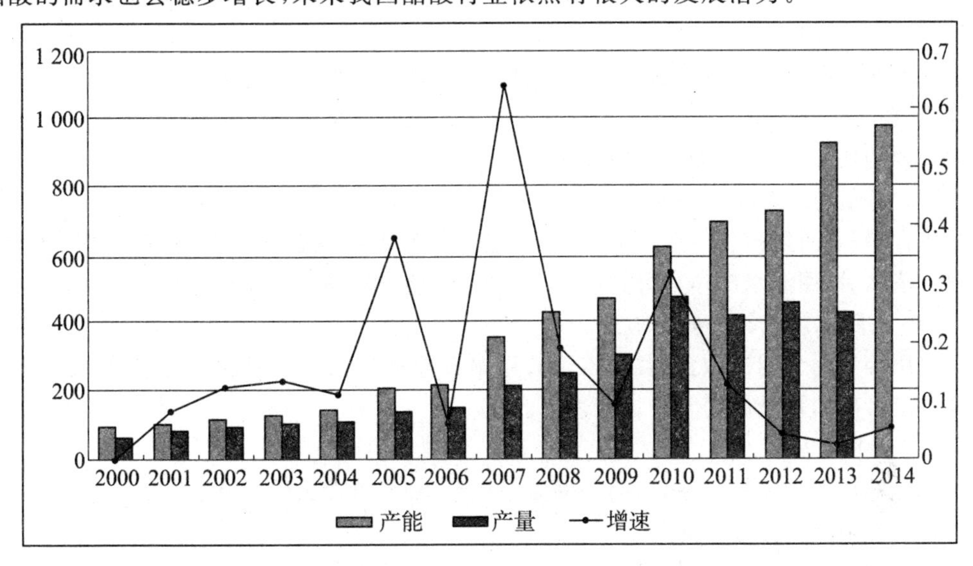

图 6-4 历年来国内醋酸产能、产量、增速情况(单位:万吨/年)

四、拓展阅读——醋酸的妙用

1. 清除茶杯的茶垢。

将食醋和食盐的混合，可以轻松去除茶杯的茶垢，以及咖啡杯的咖啡渍。此外，用牙膏也有同样的功效。

2. 蒸鱼。

蒸鱼的时候，放一些醋，可以使鱼没有那么容易被煮烂成碎片。

3. 煮鸡蛋。

煮鸡蛋的时候，放一些食醋，可以防止鸡蛋壳破裂，蛋白漏出来。

4. 蒸鸡蛋。

蒸鸡蛋的时候，放一些食醋，可以让蛋白松软、可口。

5. 防止衣服褪色。

用温水和食醋浸泡衣服，可以防止衣服褪色。

6. 减淡食物。

如果你发现做的饭太咸，可以放一些醋，你会发觉吃起来没有那么咸了。

7. 清洁电子产品。

用布蘸食醋清洁电脑、传真机、键盘等的表面，可以达到杀菌防尘的效果。

8. 插鲜花。

将2勺食醋和2勺糖用少量水混合起来，把鲜花插在这种混合液中可以保持更长的时间，你只需要每隔4～5天把花的根茎末端重新剪好就行了。

9. 改善皮肤。

洗澡的时候，在浴缸里放少许苹果醋，能够止痒、防止皮肤干燥，还能够去掉死皮。

10. 清洁微波炉。

在一块湿布上滴一点醋，放置在微波炉里。设置微波炉的温度为最高，持续加热10～15分钟，微波炉里的食物残渣就会慢慢脱落。等到湿布冷却下来后，就可以轻松拭去微波炉内的残渣，同时还能有效防臭。

11. 磨光金属表面。

将食醋和苏打按照1∶1调成膏状，用它来拭擦铜器或者银器上的暗点部分会十分有效。清洁后，用清水洗净，然后擦干。你会发觉金属表面如同新的一样。

12. 去除木制家具表面的痕迹。

使用等量的食用油和食醋混合，然后用湿布轻轻擦拭家具表面的痕迹（例如白色的茶杯印或者碗印），最后用干布擦亮表面。

13. 马桶除臭。

在马桶里倒入3杯白醋，盖上马桶盖过半个小时，可以去除臭味。

14. 去除鞋子上的汗渍。

用湿布蘸少许食醋，擦拭鞋子上的汗渍（白色的云彩状）。

15. 汽车挡风玻璃。

将食醋和水混合，擦拭挡风玻璃，可以防止结霜。

16. 松开生锈的螺钉。

滴几滴醋在生锈的螺钉上，过半个小时就可以拧动了。

17. 除草剂。

食醋也可以用来除掉杂草。

18. 去除宠物异味。

如果你的宠物的皮毛发出讨厌的异味，可以试一下用湿布蘸取食醋清理一下宠物的毛发，异味就会消除。

19. 对付猫抓家具。

如果你的猫在家具上练爪子，可以把食醋喷在家具腿部。猫就不会去碰了。

任务二　醋酸生产工艺路线分析与选择

知识目标

1. 了解醋酸的生产方法；
2. 理解醋酸的生产原理。

能力目标

能对醋酸几种主要工业生产方法进行工艺分析比较。

素质目标

1. 良好的语言表达能力；
2. 一丝不苟、实事求是的工作态度。

一、醋酸生产的历史

（一）布置任务

利用各种信息资源查找醋酸生产方法的历史演变过程。

（二）任务总结

早在公元前3000年，人类已经能够用酒经过各种醋酸菌氧化发酵制醋。19世纪后期，人们发现从木材干馏制木炭的副产馏出液中可以回收醋酸，成为醋酸的另一重要来源。但这两种方法原料来源有限，都需要脱除大量水分和许多杂质，浓缩提纯费用甚高，随着20世纪有机化学工业的发展，诞生了化学合成醋酸的工业。

乙醛易氧化生成醋酸，收率甚高，成为最早的合成醋酸的有效方法。1911年，德国建成了第一套乙醛氧化合成醋酸的工业装置并迅速推广到其他国家。早期的乙醛来自粮食等发酵生成乙醇的氧化。1928年德国以电石乙炔进行水合反应生成乙醛，是改用矿物原料生成醋酸的开始。

第二次大战后，石油化工兴起发展了烃直接氧化生产醋酸的新路线，但氧化产物组分复杂，分离费用昂贵。1957～1959年，德国Wacher-chemie和Hoechst两公司联合开发了乙烯直接氧化制乙醛法后，乙烯—乙醛—醋酸路线迅速发展为主要的醋酸生产方法。

20世纪70年代石油价格上升，以廉价易得、原料资源不受限制的甲醇为原料的羰基化路线开始与乙烯路线竞争。甲醇羰基化制醋酸虽开始研究于20年代，60年代已有德国BASF公司的高压法工业装置，但直到1971年美国Monsanto公司的甲醇低压羰基化制醋酸工厂投产成功，证明经济上有压倒优势，现已取代乙烯路线而占领先地位。

近年来，利用丁烷为原料通过催化、氧化制得（醋酸钴为催化剂，空气氧化后，得到的乙酸是含有酮、醛、醇等的混合物）。但该法仅适用于轻油比较丰富的地区，不具推广性。

纵观醋酸工业发展史，1911年全球首套乙醛氧化合成醋酸的工业装置在德国建成投产。1960年德国BASF公司开发的以甲醇为原料、钴为催化剂的高压、高温甲醇羰基化合成醋酸工艺实现工业化。1983年，美国Eastman公司建成醋酸-醋酐联产技术的工业装置。近年来，传统甲醇羰基化等工艺不断得到改进，新工艺、新技术又层出不穷，从而使醋酸生产技术不断升级换代。

二、醋酸的生产方法

（一）布置任务

利用各种信息资源查找归纳当前国内外醋酸工业生产方法、反应原理及工业生产情况。

（二）任务总结

目前国内外醋酸工业生产工艺主要有甲醇羰基合成法、乙醛氧化法、丁烷（轻油）液相氧化法三大类。就生产能力而言，大约60%采用甲醇羰基化法，18%为乙烯乙醛氧化法，10%为乙醇乙醛氧化法，8%为丁烷/石脑油氧化法，其他方法为4%。

反应原理如下。

甲醇低压羰基化法：$CH_3OH+CO \longrightarrow CH_3COOH$

乙醛催化氧化法：$2CH_3CHO+O_2 \longrightarrow 2CH_3COOH$

低碳烷或烯液相氧化法：$2C_4H_{10}+5O_2 \longrightarrow 4CH_3COOH+2H_2O$

1. 甲醇羰基合成法。

该方法是以一氧化碳和甲醇为原料，用羰基合成法生产醋酸。

反应原理为

$$CH_3OH+CO \longrightarrow CH_3COOH$$

甲醇羰基合成法有高压法和低压法两种技术。前者由于投资高，能耗高，已被后者所取代。20世纪80年代以来，世界各国新建醋酸装置基本上都采用低压甲醇羰基合成法。但由于铑的价格昂贵，铑回收系统费用高且步骤复杂，人们仍在开发甲醇羰基合成法的改进工艺与其他催化剂。最主要的两项改进工艺是塞拉尼斯公司的AO Plus工艺和BP公司的Cativa工艺。传统的孟山都/BP工艺在反应系统中需要大量的水，以保持催化剂的稳定性和反应速率。由于反应器中水的浓度高达14%～15%，因此将水从醋酸中分离是高能耗的工序，并限制了装置的生产能力，开发出能补偿催化剂稳定性下降的工艺，降低水的浓度，则可大幅度降低操作费用和投资费用。

2. 乙醛氧化法。

(1) 乙炔乙醛氧化法。

乙炔乙醛氧化法生产醋酸，是先用电石乙炔水合法制乙醛，然后乙醛再氧化成醋酸。反应原理为

$$C_2H_2+H_2O \longrightarrow CH_3CHO$$

$$2CH_3CHO+O_2 \longrightarrow 2CH_3COOH$$

该法耗电量大，且乙炔氧化生产乙醛需使用硫酸汞做催化剂，而汞对环境污染严重，

故此法难以生存，在国内外已被淘汰。

（2）乙烯氧化法。

该法有间接法与直接法之分。

间接法即乙烯—乙醛氧化法，在20世纪60年代发展迅速，但是随着Monsanto甲醇羰基化工艺的发展，乙烯—乙醛法的比重逐步减少，这是因为该法在技术经济各项指标上不及甲醇羰基化工艺。南京扬子石化原来有一套9.5万吨/年的装置，前几年停了。目前该工艺仍是我国中小规模企业醋酸的主要生产方法。

该法生产原理分为两步：第一步乙烯氧化制乙醛，第二步乙醛进一步氧化制乙酸，反应为

$$CH_2 = CH_2 + O_2 \longrightarrow CH_3CHO$$

$$2CH_3CHO + O_2 \longrightarrow 2CH_3COOH$$

该工艺以乙醛为原料，采用醋酸锰、醋酸钴或醋酸铜液相催化剂，在50℃～80℃、0.6 M～0.8 MPa进行氧化反应，乙醛转化率在90%以上，醋酸选择性高于95%。工艺用的所有设备必须采用不锈钢材料。

日本昭和电工采用直接法，即不经过乙醛的醋酸生产工艺，于1997年在千叶工厂建成一套生产能力为100 kt/a的醋酸装置。该装置采用钯系新催化剂，反应在固定床反应器内进行，反应温度为150℃～160℃，压力约为0.9 MPa，乙烯单程转化率为7.4%，醋酸、乙醛、二氧化碳的选择性分别为86.4%、8.1%和5.1%。

与类似规模的甲醇法和乙醛法装置比较，直接氧化法装置的建造成本明显降低，而装置规模可根据用户要求来设计；另外，该工艺非常简单，废水排放量明显下降，仅为乙醛氧化法的1/10。

（3）乙醇乙醛氧化法。

该法主要包括乙醇氧化脱氢为乙醛和乙醛氧化为醋酸两个过程。目前在部分发展中国家仍保持这种生产技术，但由于技术经济指标差，大部分处于停产或半停产状态。

反应原理为

$$CH_3CH_2OH + O_2 \longrightarrow CH_3CHO + H_2O$$

$$CH_3CHO + O_2 \longrightarrow CH_3COOH$$

3. 轻油液相氧化法。

以C5～C7范围内的轻油为原料，采用醋酸钴、醋酸铬、醋酸钒或醋酸锰催化剂，在170℃～200℃、1.0 M～5.0 MPa压力下进行反应，最终产物为甲酸、丙酸和醋酸产品。

轻烃液相氧化法主要有正丁烷和石脑油两种原料路线。正丁烷或石脑油液相氧化成醋酸、甲酸、丙酸等，氧化产物经多次精馏分离得到产品醋酸和副产甲酸、丙酮等。在醋酸实际生产中，该工艺方法所占比例正逐年减少。

4. 乙烷选择性催化氧化法。

乙烷选择性催化氧化法由联碳公司于20世纪80年代开发，从乙烷和乙烯混合物催化氧化生产醋酸有较好的选择性，称为Ethoxene工艺。该路线的主要特征是除生成醋酸外，还生成大量乙烯作为联产品。联碳公司于80年代将此工艺投入中试。该路线的缺点之一是产生特定比例的醋酸和乙烯，必须找到市场出路。

表 6-1　几种主要醋酸生产工艺的比较

项目	乙醇法	乙烯法	UOP/Chiyoda	甲醇低压羰基合成法
主要原料	C_2H_5OH、O_2	C_2H_4、O_2	CH_3OH、CO	CH_3OH、CO
催化剂体系	$Mn(Ac)_2$	$Mn(Ac)_2$	非均相 Rh 络合物	均相 Rh 络合物
反应温度/℃	70～80	60～80	180～190	180～190
反应压力/MPa	0.25	0.31～0.35	3.5～4.0	2.7～2.8
转化率/%	88	95、90	99、92	99、90
原料消耗定额/(kg/t)	920	528、634	537、501	541、550
催化剂消耗/(g/t)	—	—	铑 0.1 g/t;碘 5 g/t	铑 0.15 g/t;碘 50 g/t
冷却水/(m^3/t)	180	20	100	150
电/(kWh/t)	700	85	49	30
蒸汽/(kg/t)	5000	3000	1700	2200
车间成本/元	5626	5232	2920	3154

任务三　醋酸生产工艺参数确定

知识目标

1. 了解醋酸生产中的各种影响因素；
2. 理解各种影响因素对醋酸生产的影响。

能力目标

能对氧化法工艺参数进行分析、确定。

素质目标

1. 一丝不苟、实事求是的工作态度；
2. 安全生产、清洁生产的责任意识。

一、工艺原理分析

（一）布置任务

理解乙醛氧化制醋酸的工艺原理。

（二）任务总结

1. 反应原理。

乙醛液相催化自氧化合成醋酸是一强放热反应，其主反应为

$$CH_3CHO(液)+1/2O_2 \longrightarrow CH_3COOH(液)+294\ kJ/mol$$

乙醛氧化时先生成过氧醋酸，过氧醋酸不稳定再与乙醛反应生成醋酸。

$$CH_3CHO+O_2 \longrightarrow CH_3COOOH\text{(过氧醋酸)}$$

$$CH_3COOOH+CH_3CHO \longrightarrow AMP \longrightarrow 2CH_3COOH$$

主要副反应为

$$CH_3CHO+O_2 \longrightarrow CH_3COOOH$$

$$CH_3COOH \longrightarrow CH_3OH+CO_2$$

$$CH_3OH+O_2 \longrightarrow HCOOH+H_2O$$

$$CH_3COOH+CH_3OH \longrightarrow CH_3COOCH_3+H_2O$$

$$3CH_3CHO+O_2 \longrightarrow CH_3CH(OCOCH_3)_2+H_2O$$

主要副产物有甲酸、醋酸甲酯、甲醇、二氧化碳等。

工业生产中都采用乙醛液相氧化法。氧化剂采用氧气做氧化剂的较多。用氧气做氧化剂的要求：

① 充分保证氧气和乙醛在液相中反应，避免在气相中进行；

② 在塔顶应引入氮气以稀释尾气，使尾气组成不达到爆炸范围。

2. 反应机理。

乙醛氧化反应机理一般认为是自由基的联锁反应机理。乙醛在常温下可自动吸收空气中的氧气而氧化，属于自动催化连锁反应。

乙醛氧化反应存在诱导期。在诱导期时，乙醛以很慢的速率吸收氧气，从而生成过氧醋酸。在没有催化剂的存在下，过氧乙酸的分解速度很慢，会使反应系统积累过量的过氧醋酸。若过氧醋酸浓度达到一定时，会突然分解引起爆炸，故工业生产过程中必须解决过氧醋酸积累的问题。

通常采用催化剂来加速过氧醋酸的分解，防止过氧醋酸的浓度积累，从而消除爆炸隐患，实现醋酸工业化生产。常用的催化剂为醋酸锰。

$$CH_3CHO+O_2 \longrightarrow CH_3COOOH$$

过氧醋酸能使催化剂醋酸盐中的 Mn^{2+} 氧化为 Mn^{3+}。

$$CH_3COOOH+Mn^{2+} \longrightarrow CH_3COO^-+Mn^{3+}+OH^-$$

Mn^{3+} 存在溶液中，可引发原料乙醛产生自由基。整个自由基反应由三个阶段组成。

(1) 链引发。

$$CH_3CHO+Mn^{3+} \xrightarrow{k_1} Mn^{2+}+CH_3CO\cdot+H^+$$

$$CH_3CO\cdot+O_2 \xrightarrow{k_2} CH_3COOO\cdot$$

$$CH_3COOO\cdot+CH_3CHO \xrightarrow{k_3} CH_3COOOH+CH_3CO\cdot$$

经过链引发后，氧化反应速率加快，由于自由基的存在使分子链增长。

(2) 链增长。

$$CH_3COOOH+Mn^{2+} \xrightarrow{k_4} CH_3COO\cdot+Mn^{3+}+OH^-$$

$$CH_3COOOH+Mn^{2+} \xrightarrow{k_5} CH_3COOO^-+Mn^{3+}+H^+$$

$$CH_3COOOH+CH_3CHO \xrightarrow{k_6} CH_3COOOHOCHCH_3\cdot\text{(乙醛单过醋酸酯)}$$

$$CH_3COOOHOCHCH \xrightarrow{k_7} 2CH_3COOH$$

(3) 链终止。

$$CH_3CO\cdot + CH_3COO\cdot \xrightarrow{k_8} (CH_3CO)_2O$$

$$CH_3COO\cdot + CH_3COOO\cdot \xrightarrow{k_9} (CH_3CO)_2O + O_2$$

$$H^+ + OH^- \xrightarrow{k_{10}} H_2O$$

通常情况下,反应速率常数 k_1、k_2、k_3、k_8 和 k_9 小于 k_4、k_5、k_6、k_7。

因此,乙醛氧化生成醋酸的反应初期存在引发阶段,即诱导期,这也是生产中必须有催化剂存在的条件下才能顺利进行的原因之一。

3. 催化剂。

乙醛氧化生成醋酸的反应过程中催化剂的要求:

(1) 应能既加速过氧醋酸的生成,又能促使其迅速分解,使反应系统中过氧醋酸的浓度维持在最低限度。

(2) 应能充分溶解于氧化液中。

工业上普遍采用醋酸锰做催化剂,有时也可适量加入其他金属的醋酸盐。醋酸锰的用量为原料乙醛量的 0.1%～0.3%。

二、工艺条件

(一) 布置任务

分析各种参数对氧化法生产的影响。

(二) 任务总结

乙醛液相氧化生产醋酸的过程是一个气液非均相反应,可分为两个基本过程:一是氧气扩散到乙醛的醋酸溶液界面,继而被溶液吸收的传质过程;二是在催化剂作用下,乙醛转化为醋酸的化学反应过程。

1. 气液传质的影响因素。

(1) 氧气通入速度。

通入氧气速率越快,气液接触面积越大,氧气的吸收率越高,设备的生产能力也就会增大。但是,通氧速率并非是可以无限增加的,因为氧气的吸收率与通入氧气的速率不是简单的线性关系。当通入氧气速率超过一定值后,氧气的吸收率反而会降低,氧气的损耗相应地加大,甚至还会把大量乙醛与醋酸液物料带出。此外,氧气的吸收不完全会引起尾气中氧的浓度增加,造成不安全因素。所以,氧气的通入速率受到经济性和安全性的制约,存在一适宜值。

(2) 氧气分布板孔径。

为防止局部过热,生产中采取氧气分段通入氧化塔,各段氧气通入处还设置有氧气分布板,以使氧气均匀地分布成适当大小的气泡,加快氧的扩散与吸收。氧气分布板的孔径与氧的吸收率成反比,孔径小可增加气泡的数量和气液两相接触面积,但孔径过小则造成流体流动阻力增加,使氧气的输送压力增高。孔径过大则会造成气液接触面积降低，并会加剧液相物料的带出，所以氧气分布板孔径要根据生产工艺的要求合理设计。

(3) 氧气通过的液柱高度。

在一定的通氧速率条件下，氧的吸收率与其通过的液柱高度成正比。液柱高，气液两相接触时间长，吸收效果好，吸收率增加。此外，气体的溶解性能也与压力有关，液柱高则静压高，有利于氧气的溶解和吸收。一般，液柱超过 4 米时，氧的吸收率可达 97%～98%以上，液柱再增加，氧的吸收率无明显变化。

2. 乙醛氧化速率的影响因素。

(1) 反应温度。

温度在乙醛的氧化过程中是一个非常重要的因素。乙醛氧化成过氧醋酸及过氧醋酸分解的速率都随温度的升高而加快。但温度不宜太高，过高的温度会使副反应加剧。同时，为使乙醛保持液相，必须提高系统压力；否则，在氧化塔顶部空间乙醛与氧气的浓度会增加，增加了爆炸的危险性，并且温度过高会造成催化剂烧结甚至失活，还会增加设备投资。但温度也不宜过低，温度过低会降低乙醛氧化为过氧醋酸以及过氧醋酸分解的速率，易导致过氧醋酸的积累，同样存在不安全性。因此，用氧气氧化时，适宜温度控制为 343K～353K，所以生产中必须及时连续地除去反应热。

(2) 反应压力。

提高反应压力，既可以促进氧向液体界面扩散，又有利于氧被反应液吸收，还能使乙醛沸点升高，减少乙醛的挥发。但是，升高压力会增加设备投资费用和操作费用。实际生产操作压力控制在 0.15 Mpa 左右。

(3) 原料纯度。

乙醛氧化生成醋酸反应的特点是以自由基为链载体，所以凡能夺取反应链中自由基的杂质，称为阻化剂。阻化剂的存在，会使反应速度显著下降。水就是一种典型的能阻抑链反应进行的阻化剂，故要求原料乙醛含量(质量分数)大于 99.7%，其中水分含量小于 0.03%。乙醛原料中三聚乙醛可使乙醛氧化反应的诱导期增长，并易被带入成品醋酸中，影响产品质量，故要求原料乙醛中三聚乙醛含量小于 0.01%。

(4) 氧化液的组成。

在一定条件下，乙醛液相氧化所得的反应液称为氧化液，其主要成分有醋酸锰、醋酸、乙醛、氧、过氧醋酸，此外还有原料带入的水分及副反应生成的醋酸甲酯、甲酸、二氧化碳等。

氧化液中醋酸浓度和乙醛浓度的改变对氧的吸收能力有较大影响。当氧化液中醋酸含量(质量分数)为 82%～95%时，氧的吸收率保持在 98%左右，超出此范围，氧的吸收率下降。当氧化液中乙醛含量在 5%～15%时，氧的吸收率也可保持在 98%左右，超出此范围，氧的吸收率下降。从产品的分离角度考虑，一般在流出的氧化液中，乙醛含量不应超过 2%～3%。

任务四　醋酸生产典型设备选择

知识目标

1. 了解醋酸生产所用的设备；
2. 熟悉氧化反应器的结构。

能力目标

能根据反应特点进行典型设备的正确选择。

素质目标

1. 一丝不苟、实事求是的工作态度；
2. 安全生产、清洁生产的责任意识。

（一）布置任务

查找醋酸生产所用的设备要求及种类。

（二）任务总结

乙醛氧化生产醋酸反应的主要特点：反应为气液非均相的强放热反应，介质有强腐蚀性，反应潜伏着爆炸的危险性。

对氧化反应器相应的要求：

① 能提供充分的相接触界面；

② 能有效移走反应热；

③ 设备材质必须耐腐蚀；

④ 确保安全生产防爆；

⑤ 流动形态要满足反应要求(全混型)。

工业生产中采用的氧化反应器为全混型鼓泡床塔式反应器，简称氧化塔。按照移除热量的方式不同，氧化塔有两种形式：内冷却型(a)、外冷却型(b)如图 6-5 所示。

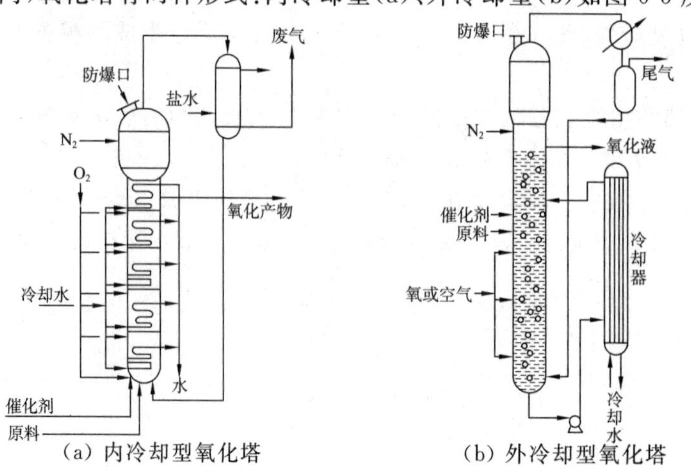

(a) 内冷却型氧化塔　　(b) 外冷却型氧化塔

图 6-5　氧化塔示意图

氧化塔设备结构简单，位于外冷却型氧化塔塔外的冷却器为列管式热交换器，制造检修比内冷却型氧化塔方便。乙醛和醋酸锰从塔的中上部加入塔中，氧气从下部分分三段加入。氧化液由塔底抽出送入塔外冷却器进行冷却，经冷却后再循环回氧化塔，其进口略高于乙醛入口。氧化液溢流出口高于循环液进口。尾气由塔顶排出。安全设施与内冷却型相同。

为使氧化塔耐腐蚀，减少因腐蚀引起的停车检修次数，乙醛氧化塔材料选用含镍、铬、钼、钛的不锈钢。

任务五　醋酸生产工艺流程组织

知识目标

1. 了解醋酸常见的生产方法；
2. 熟悉醋酸典型的生产工艺过程。

能力目标

能对乙醛氧化制醋酸生产工艺流程进行解析。

素质目标

1. 良好的语言表达能力；
2. 安全生产、清洁生产的责任意识；
3. 团结协作的精神。

（一）布置任务

组织、解析乙醛氧化制醋酸的工艺流程。

（二）任务总结

乙醛氧化制醋酸的生产过程主要包括原料准备、氧化反应、粗产品的分离及物料、能量的回收利用。

乙醛液相催化氧化生产醋酸的工艺流程如图6-6所示，采用以重金属醋酸盐为催化剂，乙醛在常压下与氧气进行液相氧化反应生成醋酸的工艺生产方法。该流程采用了两个外冷却型氧化塔串联的合成醋酸工艺。

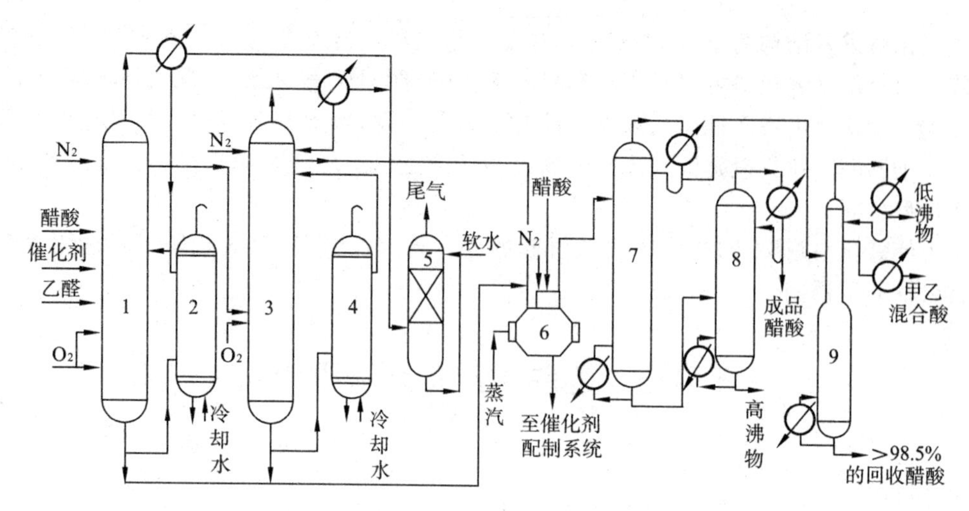

图 6-6 外冷却乙醛氧化生产醋酸工艺流程图

1—第一氧化塔;2—第一氧化塔冷却器;3—第二氧化塔;4—第二氧化塔冷却器;
5—尾气吸收塔;6—蒸发器;7—脱低沸物塔;8—脱高沸物塔;9—脱水塔

在第一氧化塔 1 中盛有质量分数为 0.1%～0.3%醋酸锰的浓醋酸,先加入适量的乙醛,混匀加热,而后乙醛和纯氧按一定比例连续通入第一氧化塔进行气液鼓泡反应。中部反应区控制反应温度为 348K 左右,塔顶压力为 0.15 MPa,在此条件下反应生成醋酸。氧化液循环泵将氧化液自塔底抽出,送入第一氧化塔冷却器 2 进行热交换,反应热由循环冷却水带走。降温后的氧化液再循环回第一氧化塔。第一氧化塔上部流出的乙醛含量为 2%～8%的氧化反应液,由两塔间压差送入第二氧化塔 3。该塔盛有适量醋酸,塔顶压力 0.08 M～0.1 MPa,达到一定液位后,通入适量氧气进一步氧化其中的乙醛,维持中部反应温度在 353 K～358 K 之间,塔底氧化液由泵强制循环,通过第二氧化塔冷却器 4 进行热交换。物料在两塔中停留时间共计 5～7 小时。从第二氧化塔上部连续溢流出醋酸含量大于等于 97%、乙醛含量小于 0.2%、水含量 1.5%左右的粗醋酸(以质量分数计)送去精制。

两个氧化塔上部连续通入氮气稀释尾气,以防气相达到爆炸极限。尾气分别从两塔顶部排出,各自进入相应的尾气冷却器,经冷却分液后进入尾气吸收塔,用水洗涤吸收未凝气体中未反应的乙醛及酸雾,然后排空。当采用一个氧化塔操作时,粗醋酸中醋酸含量 94%、水含量 2%、乙醛含量 3%左右。改用双塔流程后,由于粗醋酸中杂质含量大幅度减少,为精制和回收创造了良好的条件,并省去了单塔操作时回收乙醛的工序。从第二氧化塔溢流出的粗醋酸连续进入蒸发器 6,用少量醋酸喷淋洗涤。蒸发器的作用是闪蒸除去一些难挥发性物质,如催化剂醋酸锰、多聚物和部分高沸物及机械杂质。它们作为蒸发器釜液被排放到催化剂配制系统,经分离后催化剂可循环使用。而醋酸、水、醋酸甲酯、醛等易挥发的液体,加热汽化后进入脱低沸物塔 7。脱除低沸物后的乙酸液从塔底利用压差进入脱高沸物塔 8,塔顶得到纯度高于 99%的成品乙酸。脱低沸物塔顶分出的低沸物由脱水塔 9 回收,塔顶分离出含量 3.5%左右的稀乙酸废水,并含微量醛类、乙酸甲酯、甲酸及水,其数量不多,经中和及生化处理后排放;塔中部抽出含水的混合酸;塔釜为含量大于 98.5%的回收乙酸,用做蒸发器的喷淋乙酸。

任务六 醋酸生产安全与防护

知识目标

1. 了解醋酸生产的应急处置办法；
2. 熟悉醋酸的贮存、运输方法；
3. 掌握醋酸贮存、使用、生产中事故产生的原因。

能力目标

能够排除醋酸贮存、使用和生产事故。

素质目标

1. 良好的语言表达能力；
2. 一丝不苟、实事求是的工作态度；
3. 安全生产、清洁生产的责任意识。

（一）布置任务

查找相关期刊、书籍、网络资源，收集醋酸贮运、事故产生安全分析、应急处置方法的资料。

（二）任务总结

1. 醋酸的贮存与运输。

按照 GB190 和 GB/T10479 的有关规定，醋酸采用专用不锈钢或铝制槽车装运，也可装入不锈钢制贮罐或塑料桶中。塑料桶包装，每桶 25kg、50kg 或 200kg。

包装容器应清洁干燥。在运输及装卸时应轻拿、轻放，防止碰撞。铁路运输时限使用铝制企业自备罐车装运，装运前需报有关部门批准。铁路非罐装运输时应严格按照铁道部《危险货物运输规则》中的危险货物配装表进行配装。起运时包装要完整，装载应稳妥。运输过程中要确保容器不泄露、不倒塌、不坠落、不损坏。运输时所用的槽(罐)车应有接地链，槽内可设孔隔板以减少振荡产生静电。严禁与氧化剂、碱类、食用化学品等混装混运。公路运输时要按规定路线行驶，勿在居民区和人口稠密区停留。

醋酸蒸气与空气混合能形成爆炸性气体，醋酸气体与氧化剂、火种接触有燃烧的危险。所以，醋酸水溶液的贮存应远离火种、热源与氧化剂，与遇火燃烧的物质隔离，防止暴晒。贮罐还要有防雷、防静电措施及消防措施，起火后应用雾状水、泡沫、二氧化碳、沙土做灭火剂进行灭火。采用防爆型照明、通风设施。禁止使用易产生火花的机械设备和工具。贮区应备有泄漏应急处理设备和合适的收容材料。

2. 醋酸的生产安全。

(1) 醋酸生产防火防爆。

为了达到防火防爆的目的，应着重加强火源的管理、醋酸的贮存、防泄漏管理和工艺参数的控制等。

① 加强火源的管理。

ⅰ. 严格明火的管理。

A. 控制好加热用明火,如电炉等。

B. 在有醋酸物料的场所,应尽量避免动火作业,如因生产急需无法停工时,应将需检修的设备或管线移至安全地点进行动火作业。

C. 对运输、贮存醋酸物料的设备,管线需进行检修动火时,应将有关系统进行彻底处理,用惰性气体吹扫置换,并经分析合格后方可动火。

D. 当检修系统动火时,应将与醋酸设备及管线相连的管道断开或者加堵盲板隔离。

E. 不能利用与生产设备有联系的金属构件作为电焊地线。

F. 在防火防爆区内严禁吸烟。

ⅱ. 避免摩擦与撞击产生火花和达到危险温度。

ⅲ. 消除电器火花和危险温度。

电器火花和危险温度是引起火灾的重要原因。对装置内的电器动力设备、仪器、仪表照明装置和电气线路等分别采用防爆、封闭、隔离等措施,并要加强巡检,防止电气设备因过热产生高温而引起火灾、爆炸事故。

② 醋酸的管理。

ⅰ. 按醋酸的物化性质,采取相应的防火、防爆措施。

ⅱ. 按生产工艺特点采取防火、防爆措施。

ⅲ. 通风置换,可降低可燃、易爆危险的措施。

③ 工艺参数的安全控制。在醋酸生产中,正确控制各种工艺参数,防止超温和溢料、跑料等防止火灾、爆炸事故的重要措施,主要有:

ⅰ. 严格控制温度;

ⅱ. 严格控制压力;

ⅲ. 严格控制空气流量。

(2) 人身防护。

人身防护中需注意以下的防护措施。

① 头部防护:当存在有物体或因碰撞而引起的危险的可能和高空作业时,应戴好保护头部的安全帽。

② 眼睛和面部的保护:当罐装醋酸或有醋酸等溅出、喷出的场合,应正确穿戴防护用品。

③ 手部保护:在处理醋酸的工作时,必须戴耐酸橡胶手套。

④ 脚部保护:在处理醋酸贮槽或事故现场时或因碰撞、挤压会使脚部受伤时,必须穿防护胶鞋。

3. 醋酸生产异常现象及处理方法。

乙醛氧化制醋酸法中生产异常现象及处理方法见表6-2。

表 6-2 乙醛氧化制醋酸法中生产异常现象及处理方法

异常现象	产生原因	处理方法
T101 塔进醛流量计严重波动，液位波动，顶压突然上升，尾气含氧量增加	T101 塔进醛球罐中物料用完	关小氧气阀及冷却水，同时关掉进醛线，及时切换球罐，补加乙醛直至反应恢复正常。严重时可停车(采用)
T102 塔中含醛高，氧气吸收不好，易出现跑氧	催化剂循环时间过长。催化剂中混入高沸物，催化剂循环时间较长时，含量较低	补加新催化剂，更新。增加催化剂用量
T101 塔顶压力逐渐升高并报警，反应液出料及温度正常	尾气排放不畅，放空调节阀失控或损坏	手控调节阀旁路降压，改换 PIC109B 调整。在保证塔顶含氧量小于 5×10^{-2} 的情况下，减少冲 N_2，而后采取其他措施
T102 塔顶压力逐渐升高，反应液出料及温度正常，T101 塔出料不畅	T102 塔尾气排放不畅，T102 塔放空调节阀失控或损坏	将 T101 塔出料该向 E201 出料。手控调节阀旁路降压。在保证塔顶含氧量小于 5×10^{-2} 的情况下，减少冲 N_2，而后采取其他措施
T101 塔内温度波动大，其他方面都正常	冷却水阀调节失灵	手动调节，并通知仪表检查，切换为 TIC104B 调节
T101 塔液面波动大，无法自控	球罐循环泵引起或 N_2 压力引起	开另一台循环泵
T101 塔或 T102 塔尾气含 O_2 量超限	氧醛进料配比失调，催化剂失活	调节好氧气和乙醛配比，分析催化剂含量并切换使用新催化剂

拓展学习项目　甲醇羰基合成制醋酸生产技术

知识目标

1. 理解甲醇羰基合成制醋酸的生产原理、工艺条件；
2. 熟悉甲醇羰基合成制醋酸的主要设备结构；
3. 掌握甲醇羰基合成制醋酸的工艺流程。

能力目标

能对甲醇羰基合成制醋酸的生产条件和工艺流程进行解析。

素质目标

1. 良好的语言表达能力；
2. 一丝不苟、实事求是的工作态度；
3. 安全生产、清洁生产的责任意识；
4. 团结协作的精神。

一、工艺原理分析

（一）布置任务

理解甲醇羰基合成制醋酸的工艺原理。

（二）任务总结

甲醇羰基合成制醋酸是放热反应，其主反应为

$$CH_3OH+CO \longrightarrow CH_3COOH+134.4\ kJ/mol$$

该反应分四步完成。

$$CH_3OH+CH_3COOH \longrightarrow CH_3COOOH+H_2O$$

$$CH_3COOOH+HI \longrightarrow CH_3^{\cdot}COOH+CH_3I$$

$$CH_3I+[Rh^+(CO)_2I_2]^- \longrightarrow [CH_3Rh^{+3}(CO)_2I_3]^-$$

$$[CH_3Rh^{+3}(CO)_2I_3]^-+CO+H_2O \longrightarrow CH_3COOH+[Rh^+(CO)_2I_2]^-+HI$$

可能发生的副反应如下。

$$CH_3COOH+CH_3OH \longrightarrow CH_3COOCH_3+H_2O$$

$$CH_3COOH+CH_3OH \longrightarrow CH_3OCH_3+H_2O$$

$$CH_3COOH \longrightarrow 2CO+H_2$$

$$CH_3OH \longrightarrow CO+2H_2$$

$$CO+H_2O \longrightarrow CO_2+H_2$$

$$CO+H_2O \longrightarrow HCOOH$$

$$CO+H_2 \longrightarrow CH_4+H_2O$$

由于这些副反应可被甲醇的平衡所控制，故一切中间产物都可以转化为醋酸，几乎没有副产物的生成。以甲醇为基准，生成的醋酸选择性高达99%。

二、工艺条件分析

（一）布置任务

分析各种参数对甲醇羰基合成制醋酸生产的影响。

（二）任务总结

甲醇羰基化生成醋酸，主要工艺条件是温度、压力、反应液组成和催化剂影响等。

1. 反应温度。

温度升高，有利于提高反应速率；但甲醇羰基化合成醋酸主反应是放热反应，温度过高，会降低主反应的选择性，副产物甲烷和二氧化碳明显增多。因此，适当的反应温度，

对于保证良好的反应效果非常重要。结合催化剂活性,甲醇羰基化反应,最佳温度为175℃。一般控制在130℃～180℃之间。

2. 反应压力。

甲醇羰基化合成醋酸,是一个气体体积减小的反应。压力增加,有利于反应向生成醋酸的方向进行,有利于提高一氧化碳的吸收率。但是,升高压力会增加设备投资费用和操作费用。因此,实际生产中,操作压力控制在3 MPa。

3. 反应液的组成。

反应液主要指醋酸和甲醇浓度。醋酸和甲醇的物质的量比一般控制在1.44∶1。如果物质的量比小于1,醋酸收率低,副产物二甲醚生成量大幅度提高。反应液中水的含量也不能太少,水含量太少,影响催化剂的活性,使反应速率下降。

4. 催化剂的影响。

实践证明:甲醇羰基化反应对铑活性物种和碘化物的浓度均呈一级,而与CO压力和甲醇浓度无关。但催化剂体系复杂,一般情况下有以下规律:

(1) 铑催化剂浓度越高,羰基化反应速率越快。

(2) 碘化物浓度越高,羰基化反应速率越快。

(3) 水浓度高会使羰基化反应速率下降;注意:水的浓度依据不同的催化剂各有不同,反应过程中要控制较低的水浓度,生成的水要及时采用化学法消耗掉或用机械方法移出。

(4) 反应温度越高,羰基化反应速率越快。

(5) 原料中乙醇含量越高,丙酸生成速率越快。

(6) 原料中 H_2 含量或釜中 H_2 压力越高,丙酸生成速率越快。

(7) 实际生产中应高度重视催化剂的稳定性,以降低生产醋酸的成本。

影响催化剂稳定性的因素有:

① 原料气CO中的硫、氯化合物必须微量。

② 合成釜内适宜的CO压力,压力过高会增加CO的消耗;压力过低,则易生成 RhI_3 沉淀。

③ 合成釜内溶液中的Fe、Cr、Ni、Mo等离子的浓度过高,对催化剂的活性和稳定性造成不利影响,实际从设备的材质出发,依据生产实际情况选择,避免设备、管道的腐蚀。

④ 催化剂的活化。当因CO压力过低造成催化剂沉淀时,应立即停止进甲醇、降低合成釜内温度,加大CO进料,可活化催化剂;当因重金属离子浓度过高引起催化剂活性时,移出釜液再进行处理。其处理方法有离子交换树脂法、萃取法、沉淀法、焚烧法。

三、甲醇羰基化制乙酸的主要设备

(一) 布置任务

认识甲醇羰基化制乙酸的主要设备。

(二) 任务总结

甲醇低压羰基化合成醋酸工艺流程中,合成釜、闪蒸罐、精馏塔、吸收塔、再生塔、换热器、分离罐、泵等设备的材质要求特殊,有锆合金、哈氏合金、C-276合金、低碳不锈钢等。依据不同的介质选择相应的耐蚀材料是关键，至于设备的设计和选型则遵循一般的单元操作要求即可。

(1) 合成釜。反应釜的生产能力与釜的有效体积和催化剂的活性成正比。因釜内含有大量的碘化氢、醋酸等强腐蚀、强还原性的介质，对材料的耐蚀性要求高。现多采用锆复合板制作，其锆复合板的焊接是制作该设备的关键。另釜内的搅拌装置也是关键。

(2) 闪蒸罐。该设备的作用是在低压下将羰基化反应生成的醋酸及反应液部分气化，造成两相进行分离。液相催化剂经泵循环回反应釜并移出反应热；气相经罐顶除沫装置(倒漏斗状)后进入后续的初分塔。

四、甲醇羰基化制乙酸流程组织

(一) 布置任务

组织、解析甲醇羰基化制乙酸的工艺流程。

(二) 任务总结

甲醇羰基化制乙酸有两种流程：高压法、低压法。

1. BASF 高压法生产工艺流程。

BASF 高压法生产工艺流程如图 6-7 所示。甲醇经尾气洗涤塔后，与一氧化碳、二甲醚及新鲜补充催化剂及循环返回的钴催化剂、碘甲烷一起连续加入高压反应器 1，保持反应温度 250℃、压力 70 MPa。由反应器 1 顶部引出的粗乙酸与未反应的气体经冷却器 2 冷却后进入低压分离器 4，从低压分离器 4 出来的粗酸送至精制工段。在精制工段，粗乙酸经脱气塔 6 脱去低沸点物质，然后在催化剂分离器 8 中脱除碘化钴，碘化钴是在乙酸水溶液中作为塔底残余物质除去。脱除催化剂后的粗乙酸在共沸蒸馏塔 9 中脱水并精制，由塔釜得到的不含水与甲酸的乙酸再在两个精馏塔 10 中加工成纯度为 99.8%以上的纯乙酸。以甲醇计乙酸的收率为 90%，以一氧化碳计乙酸的收率为 59%。副产 3.5%的甲烷和 4.5%的其他液体副产物。

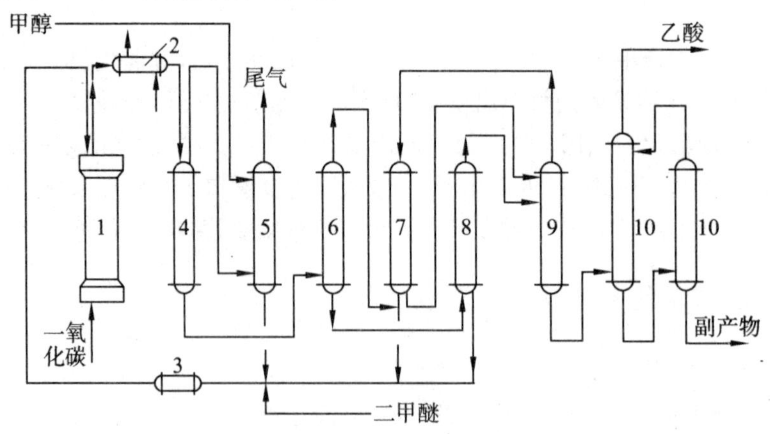

图 6-7 甲醇高压羰基合成醋酸工艺流程图(BASF 法)

1—高压反应器；2—冷却器；3—换热器；4—低压冷却器；5—尾气洗涤塔；
6—脱气塔；7—分离塔；8—催化剂分离器；9—共沸精馏塔；10—精馏塔；

2. Monsanto 低压法生产工艺流程。

1968 年，Monsanto 公司首次采用甲醇羰基合成醋酸新的催化剂体系，即羰基铑-碘催化剂。因其具有高选择性和催化活性且反应条件温和，区别于 BASF 的“高压法”，被称之为“低压法”。低压羰基化法具有显著的技术及经济优势，逐渐成为醋酸生产的主流技术。

一般来讲，催化剂体系或反应器型式的选择对流程的布置有着直接或决定性的影响。自 Monsanto 工艺诞生以来，其确立的反应、闪蒸、三塔分离及尾气吸收的基本流程一直为后续改进所沿用。该工艺流程最大的特点就是采用大量的反应物料进行闪蒸和母液循环的方法，一方面利用闪蒸导出反应热，另一方面在气相中采出粗醋酸。

Monsanto 工艺流程主要包括三个部分：反应系统（反应器、蒸发器）、精馏系统（轻组分塔、倾析器、脱水塔、成品塔）、吸收系统（高压吸收塔、低压吸收塔）。其中，吸收系统比较简单，根据吸收富液是否返回反应器，吸收剂可选用甲醇或醋酸。

如图 6-8 所示，甲醇和一氧化碳从底部连续加入含反应液的反应器 1 中，进行羰基化反应，生成醋酸。从反应器顶部出来的包含未反应的一氧化碳及其他组分的高压尾气排放或者加以回收。

从反应器中部抽出包含醋酸产品的反应液并加入蒸发器 2 中，闪蒸后得到的蒸汽含助催化剂碘甲烷及其他较轻组分和产物醋酸。从蒸发器底部出来的含有催化剂和其他较重组分的反应残液再循环到反应器中参与反应。

出自蒸发器顶部的蒸汽被送入脱轻塔 3，脱轻塔的塔顶馏分经冷凝器 3a 冷凝后在倾析器 3b 中分离成含水的轻相和主要为碘甲烷的重相。轻相的部分回流到脱轻塔的上端，其余部分返回反应器。重相直接循环回到反应器或者经过进一步处理后循环返回反应器。倾析器顶部出来的低压尾气至吸收系统回收。含有碘化氢及少量铑催化剂的塔釜液体返回蒸发器。

从脱轻塔的中部采出含水的粗制醋酸进入脱水塔 4，在脱水塔底部得到含有微量水和丙酸的醋酸，再送到成品塔进行进一步提纯，除去微量杂质。脱水塔顶部馏分经冷凝器 4a 冷凝后，主要为含水的稀醋酸溶液，部分稀醋酸溶液回流到脱水塔的上端，其余部分返回反应器。

经成品塔精制后，醋酸产品从成品塔 5 上部侧线采出，塔顶气相经冷凝器 5a 冷凝后，一部分回流到塔内，另一部分返回脱水塔进料管线，以进一步控制成品醋酸中碘的含量。含有丙酸及重金属离子的高沸点塔釜液体被送入汽提塔系统回收醋酸。

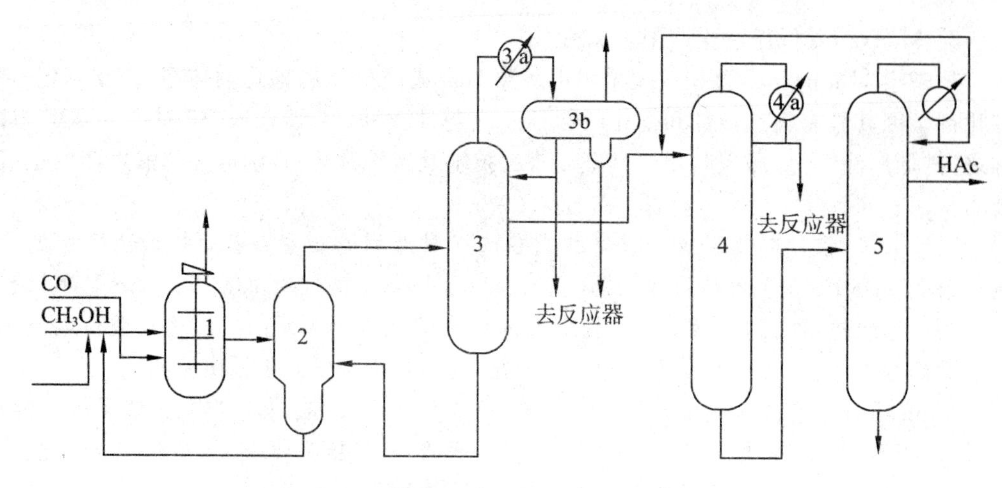

图 6-8 传统 Monsanto 工艺流程示意图

1—反应器;2—蒸发器;3—脱轻塔;4—脱水塔;5—成品塔

3. 我国西南化工研究院蒸发流程。

该流程以 Monsanto 流程为基础,通过增加一个反应器 1a(即转化釜),降低反应液中的水含量及配合其他反应工程的方法来提高反应深度,使容易分解沉淀的铑催化剂转化为能承受加热蒸发时不分解不沉淀的稳定的铑络合物;同时,蒸发器下部设加热段,以调节蒸发量,并由此形成了以蒸发流程为核心的改进流程,其流程示如图 6-9 所示。

该流程具有以下特点:可较大地提高粗产品中的醋酸含量,减少蒸发器母液的循环量和蒸馏工段的负荷,使反应器的生产能力提高,公用工程消耗降低。铑催化剂稳定性增强,消耗减少。

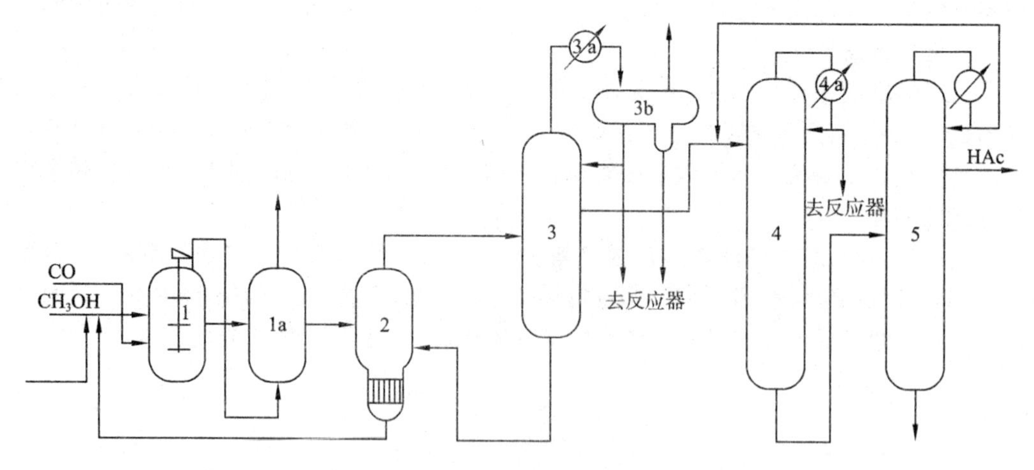

图 6-9 我国西南化工研究院蒸发流程示意图

1—反应器;1a—转化釜;2—蒸发器;3—脱轻塔;4—脱水塔;5—成品塔

4. 甲醇低压羰基合成醋酸的优缺点。

甲醇低压羰化法制醋酸在技术经济上的优越性很大,其优点在于:

(1) 利用煤、天然气、重质油等为原料,原料路线多样化,不受原油供应和价格波动影响；

(2) 转化率和选择性高，过程能量效率高；

(3) 催化系统稳定，用量少，寿命长；

(4) 反应系统和精制系统合为一体，工程和控制都很巧妙，结构紧凑；

(5) 虽然醋酸和碘化物对设备腐蚀很严重，但已找到了性能优良的耐腐蚀材料——哈氏合金 C(Hastelloy Alloy C)，是一种 Ni-Mo 合金，解决了设备的材料问题；

(6) 用计算机控制反应系统，使操作条件一直保持最佳状态；

(7) 副产物很少，三废排放物也少，生产环境清洁；

(8) 操作安全可靠。

目前，虽然甲醇低压羰基合成法在醋酸生产中占统治地位，但仍然存在一些缺点：

① 以昂贵的铑或者铱为催化剂，催化剂铑的资源有限，成本较高；② 均相反应，催化剂容易流失并且造成分离上的困难；③ 设备用的耐腐蚀材料昂贵。反应中用到大量的碘甲烷和碘化物稳定剂，腐蚀严重，因此反应器材必须采用昂贵的锆材或者哈氏合金。

思考题

1. 你还查到了哪些醋酸的性质？
2. 你还查到了哪些醋酸的用途？
3. 你还了解哪些醋酸的下游产品？
4. 你还了解哪些醋酸生产企业？
5. 醋酸的工业生产方法有哪些？
6. 各种醋酸工业生产方法的反应原理是什么？
7. 比较各种醋酸工业生产方法的优缺点。
8. 总结乙醛氧化制乙酸生产过程中重要的影响因素。
9. 写出乙醛氧化生产醋酸的主、副反应方程式与机理。
10. 写出甲醇羰化法制醋酸的主、副反应的化学方程式与机理。
11. 各种工业醋酸生产方法对反应器材质有什么要求？
12. 简述乙醛氧化合成醋酸的工艺流程。
13. 醋酸生产过程中如何做到安全生产？
14. 总结甲醇低压羰化法制醋酸生产过程中重要的影响因素。
15. 解析甲醇低压羰化法制醋酸生产工艺流程。

项目七　苯乙烯生产

项目说明

苯乙烯是石油化工行业的重要基础原料之一，是合成树脂、离子交换树脂及合成橡胶等的重要单体之一，其氧化产物苯甲醛、苯乙醛、环氧苯乙烷和苯甲酸被广泛应用于医药、香料、制苯工业中间体以及食品抑菌剂的制作领域。通过本项目的学习，使学生了解苯乙烯的基本性质和用途，了解苯乙烯工业的基本情况及苯乙烯的生产方法，掌握影响苯乙烯生产的工艺条件及影响因素，熟悉苯乙烯的工艺生产流程及苯乙烯安全生产操作规程；同时，在学习过程中，培养良好的团队协作能力、良好的语言表达和文字表达能力以及安全生产、清洁生产的意识。

任务一　苯乙烯工业概貌检索

知识目标

1. 了解国内外苯乙烯工业的发展情况；
2. 掌握苯乙烯的理化性质；
3. 掌握苯乙烯的工业用途。

能力目标

1. 能够熟练利用工具书、网络资源等查找苯乙烯生产有关知识；
2. 能够对收集信息进行分类和归纳。

素质目标

1. 良好的语言表达能力；
2. 团结协作的精神。

一、苯乙烯的性质

（一）布置任务

检索苯乙烯的基本性质。

具体任务内容包括检索苯乙烯的俗名、分子式，以及外观、沸点、熔点、相对密度、溶解性、典型性质。

（二）任务总结

苯乙烯又称乙烯基苯，分子式为 C_8H_8，结构式为 C_6H_5—CH═CH_2，具有高折射性和特殊芳香气味，难溶于水，能溶于甲醇、乙酸及乙醚等溶剂。

苯乙烯是不饱和芳烃中最简单、最重要的成员，广泛用做生产塑料和合成橡胶的原料。

1. 苯乙烯的物理性质。

外观与性状：无色透明油状液体；

熔点(℃)：－30.6；

沸点(℃)：146；

相对密度(水＝1)：0.91；

相对蒸气密度(空气＝1)：3.6；

饱和蒸气压(kPa)：1.33(30.8℃)；

燃烧热(kJ/mol)：4376.9；

临界温度(℃)：369；

临界压力(MPa)：3.81；

闪点(℃)：34.4；

引燃温度(℃)：490。

2. 苯乙烯的化学性质。

苯乙烯遇明火极易燃烧。光照下或存在过氧化物催化剂时，极易聚合放热导致爆炸。与氯磺酸、发烟硫酸、浓硫酸反应剧烈，有爆炸危险。有毒，对人体皮肤、眼和呼吸系统有刺激性。空气中最高容许浓度为100ppm。在高温下容易裂解和燃烧，生成苯、甲苯、甲烷、乙烷、碳、一氧化碳、二氧化碳和氢气等。蒸气与空气能形成爆炸混合物，其爆炸范围为1.1％～6.01％。

苯乙烯具有乙烯基烯烃的性质，反应性能极强，如氧化、还原、氯化等反应均可进行，并能与卤化氢发生加成反应。苯乙烯暴露于空气中，易被氧化成醛、酮类。苯乙烯易自聚生成聚苯乙烯(PS)树脂，也易与其他含双键的不饱和化合物共聚。

二、苯乙烯的用途

（一）布置任务

检索苯乙烯的工业用途。

（二）任务总结

苯乙烯是一种重要的基本有机化工原料，主要用于生产聚苯乙烯树脂（PS）、丙烯腈-丁二烯-苯乙烯三元共聚物（ABS）、苯乙烯-丙烯腈共聚物（SAN）树脂、离子交换树脂、不饱和聚酯以及苯乙烯系热塑性弹性体 SBS 等。其中，PS 是苯乙烯最重要的消费领域，随着我国建材、家电和汽车工业的快速发展，对 PS、ABS 树脂以及苯乙烯系列橡胶 SBR、SBS 等需求将继续保持较快增长。此外，还可用于制药、染料、农药以及选矿等行业，用途十分广泛。

三、苯乙烯工业现状

（一）布置任务

检索国内外苯乙烯工业发展情况。

（1）检索世界苯乙烯工业概貌及主要生产企业。

（2）检索我国苯乙烯工业发展历程及国内苯乙烯工业前十强企业。

（二）任务总结

1. 世界苯乙烯工业概况。

（1）世界苯乙烯生产现状。

近几年，世界苯乙烯产能稳步增长，2002～2012 年年平均增长 3.3%，2012 年底世界苯乙烯总产能约 3260 万吨/年。2002～2012 年年产量平均增长 2.1%，2012 年世界苯乙烯总产量约 2760 万吨/年。

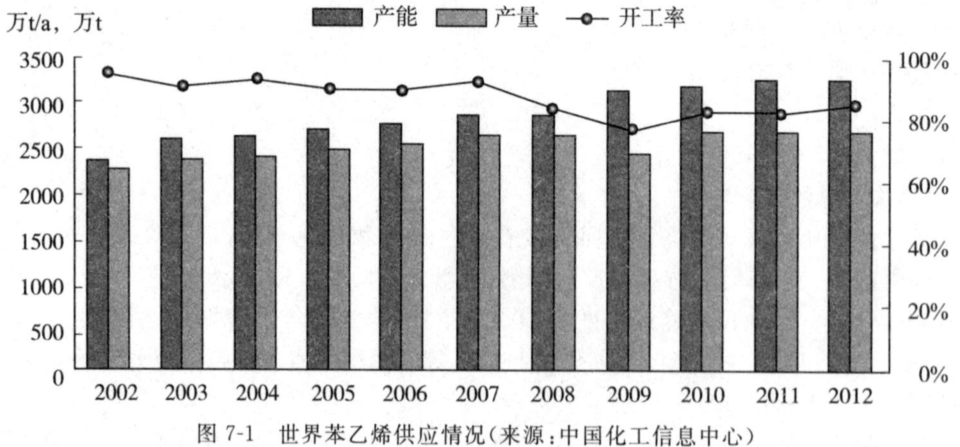

图 7-1　世界苯乙烯供应情况（来源：中国化工信息中心）

世界苯乙烯产能主要分布在东北亚、北美及西欧地区。我国是世界最大的苯乙烯生产国，其次是美、日、韩。预计 2017 年，世界苯乙烯产能将达到 3670 万吨/年。

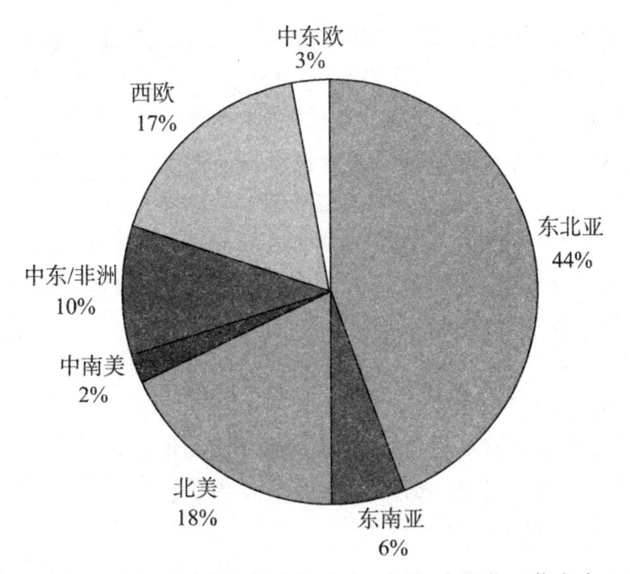

图 7-2 2012 年世界苯乙烯产能分布(来源:中国化工信息中心)

(2) 世界苯乙烯消费现状。

2012 年底世界苯乙烯消费量达到 2735 万吨/年,未来几年世界苯乙烯的消费量仍将保持增长,2017 年将达到 3250 万吨/年。

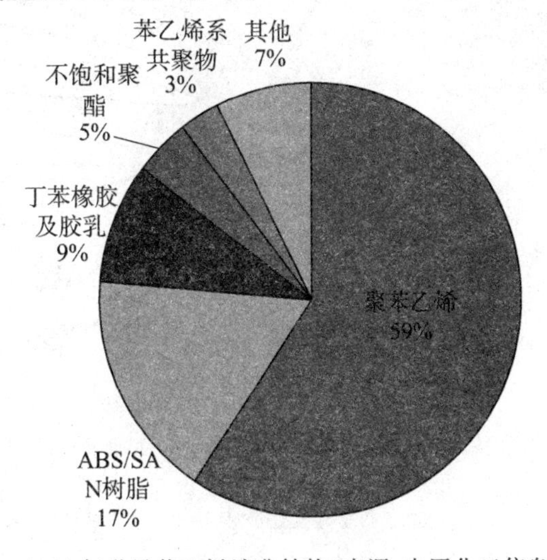

图 7-3 2012 年世界苯乙烯消费结构(来源:中国化工信息中心)

2. 我国苯乙烯工业概况。

(1) 我国苯乙烯工业的发展历程。

我国苯乙烯工业的发展起步较晚,石油兰州石油化工公司合成橡胶厂最早采用传统的三氯化铝液相烷基化工艺,建成了一套 5000 吨/年苯乙烯工业装置。

自中石油建成 5000 吨/年苯乙烯生产装置以来,我国苯乙烯的生产得到了飞速发展。近两年来,由于跨国石油公司投资东移以及国内市场需求的强力推动,使我国苯乙烯的发展进入了一个新阶段。

2005年，上海赛科石化公司50.0万吨/年苯乙烯装置的开车成功，标志着我国苯乙烯生产装置进入世界级规模。2005年我国苯乙烯的总生产能力达到193.5万吨，约占世界苯乙烯总生产能力的7.05%，占亚洲地区总生产能力的18.27%。

2006年，我国又有多套苯乙烯装置建成投产，其中包括中海油与壳牌化学公司合资在广东惠州建设的一套55.0万吨/年苯乙烯装置，江苏利士德化工（江苏双良集团）在江阴建成的一套20.0万吨/年生产装置、中石油锦州石油化工公司建成的一套8.0万吨/年生产装置、海南实华嘉盛化工有限公司与江苏嘉盛化学品工业有限公司共同出资建设的一套8.0万吨/年生产装置。2006年我国苯乙烯的生产能力已经达到285.5万吨，比2005年增长约47.54%。

（2）我国苯乙烯生产现状。

2012年，国内主要苯乙烯生产企业有33家；其中，年产10万吨以上规模的企业达到20家。2002～2012年中国苯乙烯产能平均增长率达到13%。预计，2017年，中国苯乙烯总产能达到1000万吨/年。

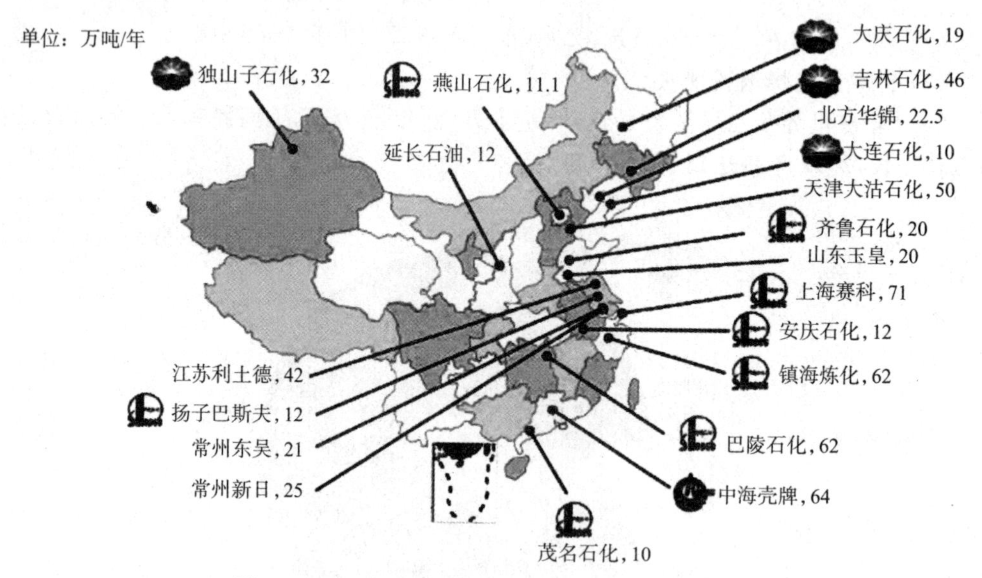

图7-4 2012年中国苯乙烯主要生产企业分布地图

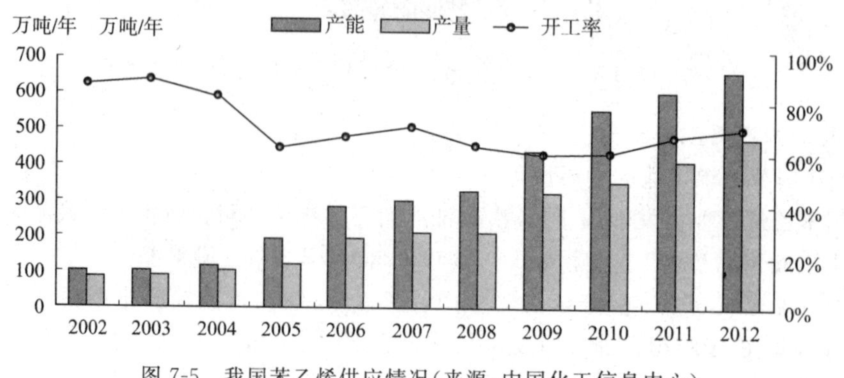

图7-5 我国苯乙烯供应情况（来源：中国化工信息中心）

十年来我国苯乙烯缺口较大，前几年我国苯乙烯年进口量快速增长。近几年，随着国内苯乙烯产能增大，自给率逐年提升，进口量逐渐下降，2010 年，自给率首次超过 50%，2012 年已超过 55%。但是，我国苯乙烯供应不足局面短期内仍然难以改变。为此，一些业内专家已呼吁通过扩能和革新现有装置并建造新的大产能装置来增加苯乙烯产量。

(3) 我国苯乙烯消费结构。

2012 年，我国苯乙烯表现消费量达到 800 万吨，同比增长 4.8%。2012 年，国内消费结构为：PS 树脂占 59%，ABS/SAN 树脂占 18%，丁苯橡胶、乳胶占 7%，不饱和聚酯树脂占 6%，苯乙烯共聚物占 3%，其他占 9%。预计未来几年，我国苯乙烯需求量仍将保持稳定增长，2017 年将达到 1035 万吨。

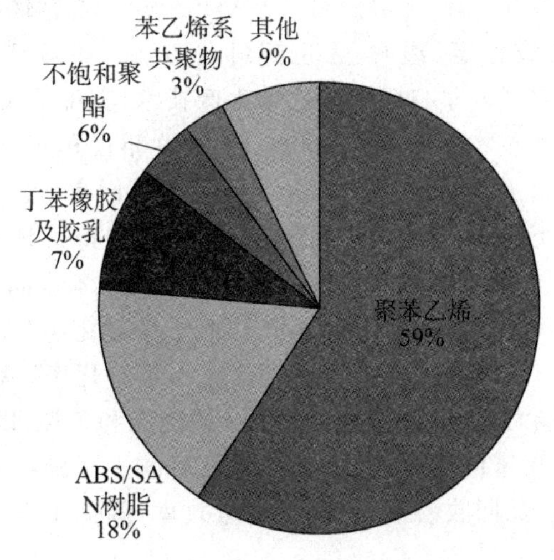

图 7-6　我国苯乙烯消费结构图

任务二　苯乙烯生产工艺路线分析与选择

知识目标

1. 了解苯乙烯的生产方法；
2. 理解苯乙烯的生产原理。

能力目标

能对苯乙烯几种主要工业生产方法进行工艺分析比较。

素质目标

1. 良好的语言表达能力；
2. 一丝不苟、实事求是的工作态度。

一、苯乙烯生产的历史演变

（一）布置任务

利用各种信息资源查找苯乙烯生产方法的历史演变过程。

（二）任务总结

苯乙烯是1827年由M. Bonastre蒸馏一种天然香脂-苏合香时才发现的。1893年E. Simon同样用水蒸气蒸馏法由苏合香中得到该化合物并命名为苯乙烯。1867年Berthelot发现乙苯通过赤热陶管能生成苯乙烯，这一发现被视为苯乙烯生产的起源。1930年美国道化学公司首创由乙苯脱氢法生产苯乙烯工艺，但因当时精馏技术未解决而未工业化。直至1937年Dow化学公司和BASF公司才在精馏技术上有突破，获得高纯度苯乙烯单体并聚合成稳定、透明、无色塑料。1941～1945年Dow化学、Monsanto化学、Farben等公司各自开发了自己的苯乙烯生产技术，实现了大规模工业生产。

50年来，苯乙烯生产技术不断提高，到20世纪50年代和60年代已经成熟，70年代以后由于能源危机和化工原料价格上升以及消除公害等因素，进一步促进老工艺以节约原料、降低能耗、消除三废和降低成本为目标进行改进，取得了许多显著成果，使苯乙烯生产技术达到新的水平。除传统的苯和乙烯烷基化生产乙苯进而脱氢的方法外，出现了Halcon乙苯共氧化联产苯乙烯和环氧丙烷工艺，其中环球化学/鲁姆斯法的UOP/Lummus的“SMART” SM工艺是最先进的，通过提高乙苯转化率，减少了未转化乙苯的循环返回量，使装置生产能力提高，减少了分离部分的能耗和单耗；以氢氧化物的热量取代中间换热，节约了能量；甲苯的生成需要氢，移除氢后减少了副反应的发生；采用氧化中间加热，由反应物流或热泵回收潜热，提高了能量效率，降低了动力费用，因而经济性明显优于传统工艺。

二、苯乙烯的生产方法

（一）布置任务

利用各种信息资源查找归纳当前国内外苯乙烯工业生产方法、反应原理及工业生产情况。

（二）任务总结

世界上苯乙烯的生产方法主要有乙苯脱氢法、乙苯-丙烯共氧化法、丁二烯合成法、甲苯甲醇合成法、乙烯-苯直接偶合法、热裂解汽油抽提蒸馏回收法、苯乙酮法、甲苯甲烷合成法等。

1. 乙苯脱氢法。

迄今为止，最早发展的乙苯脱氢法一直处于主导地位，90%以上的苯乙烯产品由该方法生产而得。工业上主要采用铁钾系催化剂。它又包括乙苯催化脱氢和乙苯氧化脱氢两种生产方法。

乙苯催化脱氢法：乙苯在催化剂的作用下，选择性脱除乙苯分子中乙基上的氢，生成苯乙烯单体，此反应为强吸热反应。

$$C_6H_5C_2H_5 \longrightarrow C_6H_5CHCH_2 + H_2\uparrow$$

乙苯氧化脱氢法：氧化脱氢反应为强放热反应，在热力学上有利于苯乙烯的生成。将乙苯脱氢反应产生的氢气与引入反应系统的氧气反应。在高选择性的氧化催化剂作用下将氢气转化成水蒸气，使反应产物中的氢分压降低，平衡即向有利于生成苯乙烯的方向移动，同时氢氧化放出大量的热又为脱氢反应提供所需的热量。

$$2C_6H_5C_2H_5 + O_2 \longrightarrow 2C_6H_5CHCH_2 + 2H_2O$$

2. 乙苯-丙烯共氧化法。

该方法包括三个过程：乙苯过氧化(生成过氧化乙苯)，过氧化乙苯与丙烯环氧化生成甲基苯醇(和环氧丙烷)，甲基苯醇脱水制得苯乙烯。反应产品苯乙烯与环氧丙烷质量比为 2.5∶1。除乙苯脱氢法外，这是目前唯一大规模生产苯乙烯的工业方法。

$$C_6H_5C_2H_5 + O_2\uparrow \longrightarrow C_6H_5CHOOHCH_3$$

$$C_6H_5CHOOHCH_3 + CH_3CHCH_2 \longrightarrow C_6H_5CHOHCH_3 + C_3H_6O$$

$$C_6H_5CHOHCH_3 \longrightarrow C_6H_5CHCH_2 + H_2O$$

3. 苯乙酮法。

先由乙苯氧化制苯乙酮，再由苯乙酮加氢制 α-苯乙醇，α-苯乙醇脱水得苯乙烯。此法收率比乙苯催化脱氢法低，只有 78%～80%，反应步骤多，成本高，不如乙苯脱氢法经济。

$$C_6H_5C_2H_5 + O_2 \longrightarrow C_6H_5COCH_3 + H_2O$$

$$C_5H_5COCH_3 + H_2 \longrightarrow C_6H_5CHOHCH_3$$

$$C_6H_5CHOHCH_3 \longrightarrow C_6H_5CHCH_2 + H_2O$$

4. 甲苯甲醇合成法。

该方法是制取苯乙烯的低能耗工艺。该工艺利用甲苯与甲醇进行侧链烷基化反应以替代常规的乙苯脱氢路线，仅原料改变就可节约 350～400 美元·t^{-1}苯乙烯。据称，如果美国苯乙烯生产商如采用这一新的技术，可使美国温室气体排放减少约 5%，达到京都议定书要求。

5. 乙烯-苯直接偶合法。

北京化工大学与吉林大学首次采用金属负载的 HZSM-5 分子筛催化剂，研究了苯和乙烯在无氧条件下一步法合成苯乙烯的反应，发现 Co/HZSM-5、Fe/HZSM-5 和Pd/HZSM-5 是较好的催化剂，并提出反应是经过中间物乙苯脱氢生成苯乙烯的反应机理。

6. 热解汽油抽提蒸馏回收法。

苯乙烯也可从石脑油、瓦斯油蒸汽裂解得到的热解汽油中直接通过抽提蒸馏加以回收。GTC 技术公司开发了采用选择性溶剂的抽提蒸馏塔 GT-苯乙烯工艺，从粗热解汽油(来自石脑油、瓦斯油和 NGL 蒸汽裂解)直接回收苯乙烯。提纯后苯乙烯产品纯度为 99.9%，苯基乙炔质量分数小于 50×10^{-6}。采用抽提技术将苯乙烯回收，既可减少后续加氢过程中的氢气消耗，又避免了催化剂因苯乙烯聚合而引起的中毒，也增产了苯乙烯。

7. 丁二烯合成法。

Dow 化学公司和荷兰国家矿业公司(DSM)都在开发以丁二烯为原料合成苯乙烯技术。Dow 化学工艺以负载在 γ-沸石上得铜为催化剂，反应于 1.8 MPa 和 100℃下，在装有催化剂的固定床上进行，丁二烯转化率为90%，4-乙烯基环己烯（4-VCH）的选择性接近100%。之后的氧化脱氢采用氧化铝为载体的锡/锑催化剂，在气相中进行。该反应在0.6 MPa和400℃下进行，VCH的转化率约为90%，苯乙烯的选择性为90%，副产物为乙苯、苯甲醛、苯甲酸和二氧化碳。

8. 甲苯甲烷合成法。

1976年，Khcheyan等人提出甲苯与甲烷氧化甲基化直接合成苯乙烯的新方法，它不仅可以克服上述传统方法的缺点，而且美国孟山都公司认为通过该法副产苯的途径比传统甲苯制苯更为有利，因传统的甲苯制苯途径不但损失了甲基，还消耗了大量的氢。

该反应的特点是：

① 反应为放热反应，反应在启动后基本接近自热过程；

② 原料来源于廉价且储量丰富的煤焦油（提供甲苯）和天然气，避免了对有限的石油资源的依赖；

③ 采用碱土金属氧化物或分子筛做催化剂，避免了传统的$AlCl_3$-HCl催化剂对环境的污染。

任务三　苯乙烯生产工艺参数确定

知识目标

1. 了解苯乙烯生产中的各种影响因素；
2. 理解各种影响因素对苯乙烯生产的影响。

能力目标

能对乙苯脱氢法工艺参数进行分析、确定。

素质目标

1. 一丝不苟、实事求是的工作态度；
2. 安全生产、清洁生产的责任意识。

一、工艺原理

（一）布置任务

理解乙苯脱氢生产苯乙烯的工艺原理。

（二）任务总结

目前，世界上苯乙烯的生产方法主要有乙苯脱氢法、环氧丙烷-苯乙烯联产法、热解汽油抽提蒸馏回收法，我国苯乙烯生产大多采用乙苯脱氢法。

1. 主、副反应。

乙苯脱氢生产苯乙烯的原理是以乙苯为原料，在轴径向反应器内，于高温、负压条件下，通过催化剂床层进行乙苯脱氢反应，生成苯乙烯主产品；副反应生成苯、甲苯、甲烷、乙烷、丙烷、H_2、C 和 CO_2。

主反应为

$$C_6H_5-CH_2-CH_3 \xrightarrow{\text{催化剂}} C_6H_5-CH=CH_2+H_2 \quad \Delta H^{\Phi}_{298}=117.6\ kJ/mol$$

在主反应发生的同时，还伴随发生一些副反应，如裂解反应和加氢裂解反应。

$$C_6H_5-CH_2-CH_3+H_2 \longrightarrow C_6H_5-CH_3+CH_4$$

$$C_6H_5-CH_2-CH_3 \longrightarrow C_6H_5-C_2H_4$$

$$C_6H_5-CH_2-CH_3+H_2 \longrightarrow C_6H_6+C_2H_6$$

在水蒸气存在下，还可发生水蒸气的转化反应。

$$C_6H_5-CH_2-CH_3+2H_2O \longrightarrow C_6H_5-CH_3+2CO_2+3H_2$$

高温下生碳。

$$C_6H_5-CH_2-CH_3 \longrightarrow 8C+5H_2$$

此外，产物苯乙烯还可能发生聚合，生成聚苯乙烯和二苯乙烯衍生物等。

在乙苯脱氢反应中，原料乙苯中的化学杂质也发生反应，生成物还会进一步发生反应，为此，最终生成物中还含有另外一些副产物，如二甲苯、异丙苯、α-甲基苯乙烯、焦油等。这些连串副反应的发生不仅使反应选择性下降，而且极易使催化剂表面结焦进而活性下降。

2. 催化剂。

脱氢反应是乙苯在催化剂床层中，于 600℃ 左右高温下发生的催化脱氢反应。所用催化剂的性能除了脱氢活性之外，特别重要的是对于生成苯乙烯的选择性要高，并且在高温和水蒸汽存在条件下的稳定性要好，使用寿命要长，这些都是至关重要的。

脱氢催化剂的毒物是氯离子，必须控制进料中的氯离子含量，以防催化剂中毒失效，更重要的是在催化剂床层中不能有游离水。催化剂床层进水，则催化剂结块和有效成分流失，导致床层阻力上升，最终影响转化率、选择性指标。

乙苯脱氢制苯乙烯曾使用过氧化铁系和氧化锌系催化剂，但后者已在 20 世纪 60 年代被淘汰。

本反应可采用氧化铁系催化剂。其组成为 $Fe_2O_3-CuO-K_2O-Cr_2O_3-CeO_2$。催化剂以三氧化二铁为主，加上氧化铬、氧化铜、氧化钾等助催化剂涂于氧化铁或碳酸钾等载体上，使反应更好地发生，有利于苯乙烯的生成。

氧化铁系催化剂以氧化铁为主要活性组分，氧化钾为主要助催化剂；此外，这类催化剂还含有 Cr、Ce、Mo、V、Zn、Ca、Mg、Cu、W 等组分，视催化剂的牌号不同而异。目前，总部设在德国慕尼黑的由德国 SC、日本 NGC 和美国 UCI 组成的跨国集团 SC Group，在乙苯脱氢催化剂市场上占有最大的份额（55%～58%），是 Girdler 牌号（有 G-64 和 G-84 两大系列）及 Styromax 牌号催化剂的供应者。

我国乙苯脱氢催化剂的开发始于 20 世纪 60 年代，已开发成功的催化剂有兰州化学工业公司315型催化剂；1976年，厦门大学与上海高桥石油化工公司化工厂合作开发了XH-11催化剂，随后又开发了不含铬的XH-210和XH-02催化剂。80年代中期以后，催化剂开发工作变得较为活跃，出现了一系列性能优良的催化剂，如上海石油化工研究院的GS-01和GS-05、厦门大学的XH-03和XH-04、兰州化学工业公司的335型和345型及中国科学院大连化物所的DC型催化剂等。

从国内外专利数据库看，近年来相关研究机构有许多乙苯脱氢制苯乙烯催化剂的专利公开，如中国石油天然气股份有限公司2004年1月公开的中国专利CN1470325，报道了一种乙苯脱氢制苯乙烯催化剂，以质量份数计其活性组成为：45～75份铁氧化物，7～15份钾氧化物，2～8份铈氧化物，1～8份钼氧化物，2～10份镁氧化物，0.02～2份钒氧化物，0.01～2份钴氧化物，0.05～3份锰氧化物，0.002～1份钛氧化物。

二、工艺条件

（一）布置任务

分析各种参数对脱氢法生产的影响。

（二）任务总结

影响乙苯脱氢反应的因素主要有反应温度、反应压力和水蒸气/乙苯比(简称水比)。此外，该反应还受到反应物通过催化剂床层的液体体积时空速度(LHSV)、原料乙苯中含杂质情况等影响。

1. 温度的影响。

乙苯脱氢是强吸热反应，提高温度可提高脱氢反应的平衡转化率，升温对脱氢反应有利。

但是，由于烃类物质在高温下不稳定，当温度升高后，虽然乙苯转化率提高，副反应(指吸热的副反应)也将加剧，故生成苯乙烯的选择性将降低，因而反应温度不宜过高。

另外，当反应温度提高后，能耗增大，设备材质要求增加，故应控制适宜的反应温度。

所以，脱氢反应温度的确定不仅要考虑获取最大的产率，还要考虑提高反应速度与减少副反应。

在高温下，要使乙苯脱氢反应占优势，除应选择具有良好选择性的催化剂，同时还必须注意反应温度下催化剂的活性。

例如，采用以氧化铁为主的催化剂，从降低能耗和延长催化剂寿命出发，希望在保证苯乙烯单程收率的前提下，尽量采用较低的反应温度。其适宜的反应温度为600℃～660℃。

2. 压力的影响。

乙苯脱氢为体积增加的反应，故降低压力有利于平衡向脱氢方向移动，增加了反应的平衡转化率。对于给定的反应温度和水比，乙苯的转化率随着反应压力的降低而显著增加。在相同的乙苯液体空速和水比下，随着反应压力的降低，可相应降低反应温度，而苯乙烯的单程收率维持不变，苯乙烯选择性提高。这一特性是由乙苯脱氢生成苯乙烯系增分子反应所决定的。

此外，苯乙烯是容易聚合的物质。反应压力高，将有利于苯乙烯自聚，生成对装置正常运转十分不利的聚合物，它会造成管道、设备的堵塞。降低系统压力，则在一定程度上可抑制苯乙烯的聚合。

当今苯乙烯工业生产中采用负压脱氢工艺已成为人们普遍接受的共识和发展潮流。而脱氢反应器均采用径向反应器，则是由于这种类型反应器的催化剂床层薄，阻力小，有利于在反应区域形成负压操作条件。

表 7-1　温度和压力对乙苯脱氢平衡转化率的影响

0.1 MPa 温度，℃	0.01 MPa 温度，℃	转化率，%	0.1 MPa 温度，℃	0.01 MPa 温度，℃	转化率，%
565	450	30	645	530	60
585	475	40	675	560	70
620	500	50			

由表 7-1 可看出，达到同样的转化率，如果压力降低，温度也可以采用较低的温度操作，或者说，在同样温度下，采用较低的压力，则转化率有较大的提高。所以生产中就采用降低压力操作。

为了保证乙苯脱氢反应在高温减压下安全操作，在工业生产中常采用加入水蒸气稀释剂的方法降低反应产物的分压，从而达到减压操作的目的。

3. 水蒸气/乙苯比(水比)。

加水蒸气的目的是降低乙苯的分压，以提高平衡转化率。在恒定的反应温度和压力下，较高的水比可使乙苯转化率提高。因为，蒸汽降低了反应组分的分压，达到类似于降低反应压力的效果。

水蒸气作为稀释剂，还能供给脱氢反应所需部分热量，也可使反应产物尤其是氢气的流速加快，迅速脱离催化剂表面，有利于反应向生成物方向进行。

水蒸气可与催化剂上生成的碳发生反应，起到防止催化剂表面结焦的作用；水蒸气还可防止催化剂的活性组分还原为金属，有利于延长催化剂寿命。对于绝热脱氢工艺来说，加入的过热水蒸气更是不可缺少的供给反应热的热载体。

在相同的乙苯液体空速和反应压力下，随着水比的降低，为维持一定的苯乙烯单程收率，就需要升高反应温度，炉油中副产苯和甲苯明显增加，苯乙烯选择性下降。水蒸气添加量对乙苯转化率的影响见表 7-2。

表 7-2　水蒸气用量对乙苯脱氢转化率的影响

反应温度，K	转化率，%		
	水蒸气：乙苯，mol		
	0	16	18
853	0.35	0.76	0.77
873	0.41	0.82	0.83
893	0.48	0.86	0.87
913	0.55	0.90	0.90

由表 7-2 可知，乙苯转化率随水蒸气用量的加大而提高。当水蒸气用量增加到一定程度时，如乙苯与水蒸气之比等于 16 时，再增加水蒸气用量，乙苯转化率提高不显著。在工业生产中，较适宜的水蒸气用量为水：乙苯＝1.5：1(体积比)或 8：1(物质的量之比)。

尽管加入水蒸气有许多好处，但水蒸气加入量受到反应系统允许压力降和能耗二个因素的制约。由于高温过热水蒸气的比容很大，过多加入水蒸气势必增大反应物流的体积流量，从而增加系统压力降，不利于降低反应区域压力。此外，增加水蒸气加入量必将增加成本，一旦水蒸气加入量增加到在经济上得不偿失的程度，那么提高水比将是没有意义的。目前，先进的乙苯脱氢工艺均追求以较低的水比获得较高的苯乙烯收率。降低水蒸气单耗已成为衡量一个乙苯脱氢工艺路线是否先进的重要判别指标。

4. 空速的影响。

乙苯脱氢反应系统中有平衡副反应和连串副反应，随着接触时间的增加，副反应也增加，苯乙烯的选择性可能下降，适宜的空速与催化剂的活性及反应温度有关。

在不考虑返混的前提下，可把乙苯液体空速理解为催化剂床层中反应物在 1 小时内被置换的次数。空速的倒数具有“时间”因次，称为“空时”，可粗略地用它来衡量反应物料在催化剂床层中停留时间的长短(相对值)。因此，空速反映了停留时间对反应的影响。

对于乙苯脱氢反应，在相同的反应压力和水比条件下，随着乙苯投料量的增大，即乙苯液体空速增大，欲维持苯乙烯单程收率不变，就得相应提高反应温度。液体空速是催化剂性能的重要标志之一。液体空速大，意味着反应器单位体积的生产能力大。因此，在相同的反应条件(温度、压力、水比)下，在工艺允许范围内，追求用较大的液体空速进行生产。

乙苯的液空速以 0.6/h 为宜。

5. 原料乙苯中杂质的影响。

原料乙苯的质量，应符合 SH/T 1140 中的一级品的指标，此时，即能满足催化剂对原料乙苯中氯离子含量的要求。

在乙苯中所含的异丙苯对脱氢反应也产生一定的影响。异丙苯在乙苯脱氢工艺条件下同样发生脱氢反应，生成 α-甲基苯乙烯。它的反应必定占据一些催化活性中心。乙苯异构化脱氢也生成 α-甲基苯乙烯，故副产物 α-甲基苯乙烯的生成量既与原料乙苯中异丙苯含量有关，也与乙苯异构化脱氢反应有关。

为了减少副反应发生，保证生产正常进行，要求原料乙苯中二乙苯的含量＜0.04％。因为二乙苯脱氢后生成的二乙烯基苯容易在分离与精制过程中生成聚合物，堵塞设备和管道，影响生产。另外，要严格控制原料中乙炔、硫、氯和水的含量，以免对催化剂的活性和寿命产生不利的影响。某厂苯乙烯装置对原料纯度要求如表 7-3 所示。

表 7-3 某厂苯乙烯装置对原料纯度的要求

项目	单位	GB1627-79	
		一级	二级
外观		无色透明或稍带微黄液体	
比重 D20/4		0.866～0.870	
沸程(在 760 mm Hg 柱下馏出总体积 96%时)初沸点≥	℃	135.8	135.2
末沸点≤	℃	136.6	136.7
杂质含量(色谱法)	%(wt)	0.5	1.25
苯+甲苯含量<	%(wt)	0.1	0.25
其中苯含量<	%(wt)	0.17	0.28
异丙苯、甲乙苯及丁苯含量其中甲乙苯及丁苯含量<	%(wt)	0.04	0.06
二乙苯含量	%	无	无

任务四　苯乙烯生产典型设备选择

知识目标

了解苯乙烯生产所用的关键设备。

能力目标

能根据反应特点进行典型设备的正确选择。

素质目标

1. 一丝不苟、实事求是的工作态度；
2. 安全生产、清洁生产的责任意识。

（一）布置任务

查找苯乙烯生产所用的设备要求及种类。

（二）任务总结

乙苯脱氢制苯乙烯装置包括脱氢和精馏两个单元，苯乙烯反应关键设备有蒸汽过热炉、脱氢绝热反应器、分离罐、废热锅炉、液相分离器、冷凝器、压缩机、泵、精馏塔、薄膜蒸发器、分离罐等。

乙苯脱氢生产苯乙烯可采用两种不同供热方式的反应器：一种是外加热列管式等温反应器；另一种是绝热式反应器。国内两种反应器都有应用，等温反应器为列管式已很少采用。目前大型新建生产装置均采用绝热式反应器。

使用绝热反应器时，反应所需的热量由提高进料温度(610℃～660℃)和加大水比(≈14)而带入。但温度过高将引起乙苯的热裂解，通常采用径向反应器，以减小气体通过催化剂层的温度降、压力降，并分段引入过热蒸汽，使轴向温度分布均匀。

绝热式反应器优点是结构比较简单，反应空间利用率高，不需耐热金属材料，只需耐火砖就行了，检修方便，基建投资低。其缺点是温度波动大、操作不平稳并消耗大量的高温(约 983 K)蒸气及需要水蒸气过热设备。

绝热反应器一般只适应于反应热效应小，反应过程对温度的不敏感及反应过程单程转化率较低的情况。

为了克服单程转化率的缺点，降低原料和能量的消耗，后来在乙苯脱氢的反应器及生产工艺方面有了很多的改进措施，效果较好。将几个单段绝热反器串联使用，在反应器间增加热炉。或是采用多段式绝热反应器，即将绝热反应器的床层分成很多小段，而在每段之间设有绝热装置，反应器的催化剂放置在各段的隔板上，热量的导出或引入靠段间换热器来完成。段间换热装置既可以装在反应器内，也可设在反应器外。加热用过热水蒸气按反应需要分配在各段分别导入，多次补充反应所需热量。这样，不仅降低了反应器初始原料的入口温度，也降低了反应器物料进、出口气体的温差，转化率可提高到65%～70%，选择性在 92%左右。

如图 7-7 所示是三段绝热式径向反应器结构。每一段均由混合室、中心室、催化剂室和收集室组成。催化剂放在由钻有环形细孔的钢板制成的内、外圆筒壁之间的环形催化剂室中。乙苯蒸气与一定量的过热水蒸气进入混合室混合均匀，由中心室通过催化剂室内圆筒壁上的小孔进入催化剂层径向流动，并进行脱氢反应，脱氢产物从外圆筒壁的小孔进入催化剂室外与反应器外壳间环隙的收集室。然后，再进入第二段的混合室，在此补充一定量的过热水蒸气，并经第二段和第三段进行脱氢反应，直至脱氢产物从反应器出口送出。此种反应器的反应物由轴向流动改为催化剂层的径向流动，可以减小床层阻力，使用小颗粒催化剂，从而提高选择性和反应速率。其制造费用低于列管等温反应器，水蒸气用量比一段绝热反应器少，温差也少，乙苯转化率可达 60%以上。

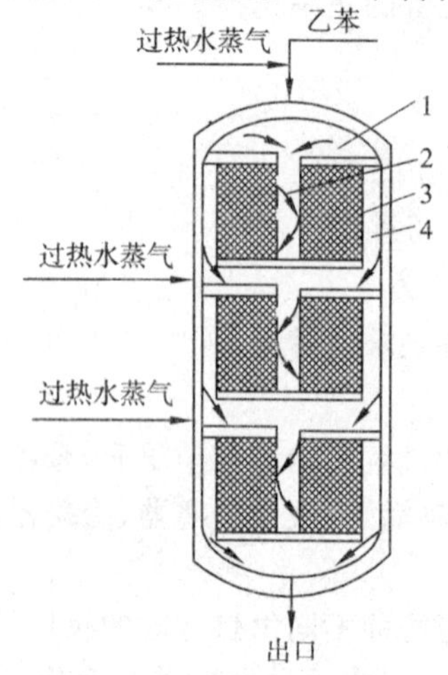

图 7-7　三段绝热式径向反应器

1—混合室；2—中心室；3—催化剂室；4—收集室

任务五 苯乙烯生产工艺流程组织

知识目标

熟悉苯乙烯的典型生产工艺过程。

能力目标

能对苯乙烯生产工艺流程进行解析。

素质目标

1. 良好的语言表达能力；
2. 安全生产、清洁生产的责任意识；
3. 团结协作的精神。

（一）布置任务

解析乙苯脱氢制苯乙烯的工艺流程。

（二）任务总结

苯乙烯生产装置主要由烷基化单元、乙苯精馏单元、乙苯脱氢单元和苯乙烯精馏单元四个工段组成，本书主要介绍乙苯脱氢单元和苯乙烯精流单元，烷基化单元和乙苯精馏就不详细说明了。

乙苯催化脱氢制苯乙烯的过程，就脱氢反应器的类型不同可分为等温床脱氢工艺和绝热床脱氢工艺。采用二级绝热床脱氢工艺，两个反应器中间的热交换是独立的，故反应器系统的总压降较高，为 0.0309 MPa。分离流程为 4 塔流程，先将苯、甲苯与乙苯，苯乙烯分开，后分乙苯和苯乙烯、苯乙烯精制塔下部重组分经薄膜蒸发器脱除焦油，蒸出液返回苯乙烯塔，回收夹带苯乙烯。这种流程，苯乙烯需在塔釜加热三次。

1. 乙苯脱氢。

乙苯脱氢部分的工艺流程如图 7-8 所示。

乙苯在水蒸气的存在下催化脱氢生成苯乙烯，是在段间带有蒸汽再热器的两个串联的绝热径向反应器内进行，反应所需热量由来自蒸汽过热炉的过热蒸汽提供。

在蒸汽过热炉(1)中，水蒸气在对流段内预热，然后在辐射段的 A 组管内过热到 880℃。此过热蒸汽首先与反应混合物换热，将反应混合物加热到反应温度。然后再去蒸汽过热炉辐射段的 B 管，被加热到 815℃后进入一段脱氢反应器(2)。过热的水蒸气与被加热的乙苯在一段反应器的入口处混合，由中心管沿径向进入催化剂床层。混合物经反应器段间再热器被加热到 631℃，然后进入二段脱氢反应器。反应器流出物经废热锅炉(4)换热被冷却回收热量，同时分别产生 3.14 MPa 和 0.039 MPa 蒸汽。

反应产物经冷凝冷却降温后，送入分离器(5)和(7)，不凝气体(主要是氢气和二氧化碳)经压缩去残油洗涤塔(14)用残油进行洗涤，并在残油汽提塔(11)中用蒸汽汽提，进一步回收苯乙烯等产物。洗涤后的尾气经变压吸附提取氢气，可作为氢源或燃料。

反应器流出物的冷凝液进入液相分离器(6)，分为烃相和水相。烃相即脱氢混合液(粗苯乙烯)送至分离精馏部分，水相送工艺冷凝汽提塔(16)，将微量有机物除去，分离出的水循环使用。

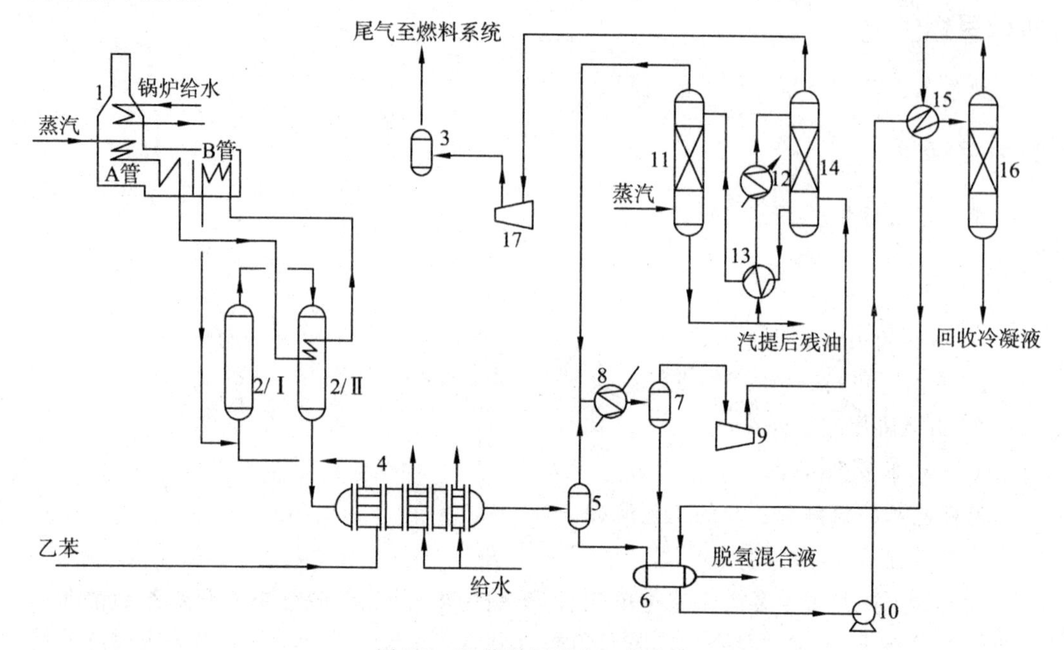

图 7-8　乙苯脱氢反应工艺流程

1—蒸汽过热炉；2(Ⅰ、Ⅱ)—脱氢绝热径向反应器；3,5,7—分离罐；4—废热锅炉；6—液相分离器；8,12,13,15—冷凝器；9,17—压缩机；10—泵；11—残油汽提塔；14—残油洗涤塔；16—工艺冷凝汽提塔

2. 苯乙烯的分离与精制。

苯乙烯的分离与精制部分，由四台精馏塔和一台薄膜蒸发器组成。其目的是将脱氢混合液分馏成乙苯和苯，然后循环回脱氢反应系统，并得到高纯度的苯乙烯产品以及甲苯和苯乙烯焦油副产品。本部分的工艺流程如图 7-9 所示。

脱氢混合液送入乙苯-苯乙烯分馏塔(1)，经精馏后塔顶得到未反应的乙苯和更轻的组分副产物苯和甲苯，一部分回流，其余送入乙苯回收塔(2)。在乙苯回收塔(2)中，将乙苯与苯、甲苯分离，塔底分出的乙苯可循环做脱氢原料用，塔顶分出苯和甲苯，经热量回收后，送入苯-甲苯分离塔(3)，将苯和甲苯进行分离。

乙苯-苯乙烯分馏塔(1)塔底液体主要是苯乙烯，还含有少量焦油，送入苯乙烯精馏塔(4)，塔顶蒸出聚合级成品苯乙烯，纯度为 99.6%(质量)。塔底液体为焦油，焦油里面含有苯乙烯，经薄膜蒸发器蒸发，回收焦油中的苯乙烯，而残油和焦油作为燃料。

乙苯-苯乙烯分馏塔(1)和苯乙烯精馏塔(4)均为填料塔，均应当在减压下操作，两塔共用一台水环真空泵维持两塔的减压操作。

同时为了防止苯乙烯的聚合，乙苯-苯乙烯分馏塔(1)和苯乙烯精馏塔(4)塔底需要加入一定量的高效无硫阻聚剂，如二硝基苯酚、叔丁基邻苯二酚等，使苯乙烯自聚物的生成量减少到最低。

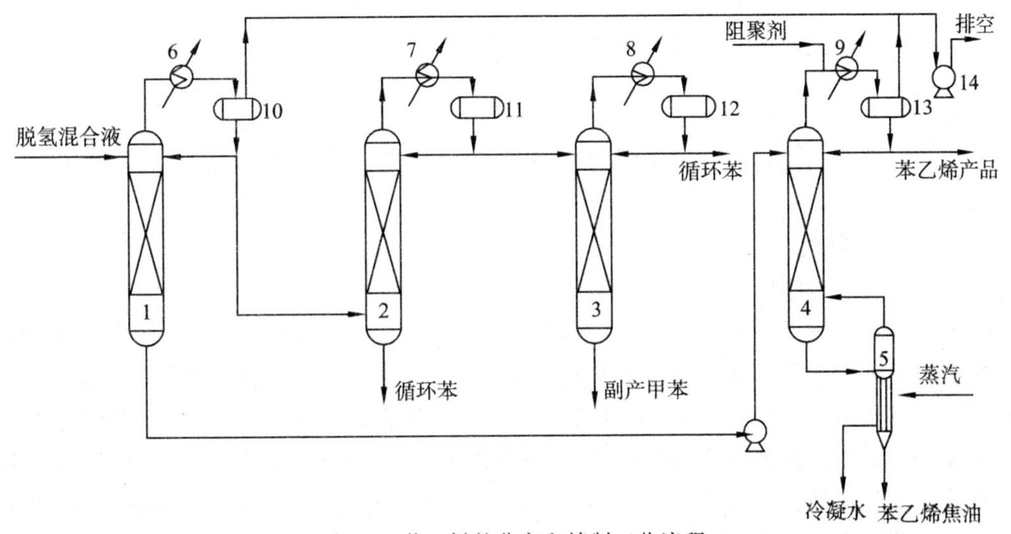

图 7-9 苯乙烯的分离和精制工艺流程

1—乙苯-苯乙烯分馏塔;2—乙苯回收塔;3—苯-甲苯分离塔;4—苯乙烯精馏塔;
5—薄膜蒸发器;6,7,8,9—冷凝器;10,11,12,13—分离罐;14—排放泵

本流程的特点主要是采用了带有蒸汽再热器的两段径向流动绝热反应器,在减压下操作,单程转化率和选择性都很高;流程设有尾气处理系统,用残油洗涤尾气以回收芳烃,可保证尾气中不含芳烃;残油和焦油的处理采用了薄膜蒸发器,使苯乙烯回收率大大提高。在节能方面采取了一些有效措施。例如,进入反应器的原料(乙苯和水蒸气的混合物)先与乙苯-苯乙烯分馏塔顶冷凝液换热,这样既回收了塔顶物料的冷凝潜热,又节省了冷却水用量。

任务六 苯乙烯生产安全与防护

知识目标

1. 掌握苯乙烯的应急处置方法;
2. 熟悉苯乙烯的贮存、使用;
3. 理解苯乙烯生产中事故产生的原因。

能力目标

能够正确分析和排除苯乙烯贮存、使用和生产中产生的异常现象。

素质目标

1. 良好的语言表达能力;
2. 一丝不苟、实事求是的工作态度;
3. 安全生产、清洁生产的责任意识。

一、苯乙烯生产的安全与防护

（一）布置任务

查找相关期刊、书籍、网络资源，收集苯乙烯贮存、生产事故安全分析、应急处置方法等资料。

（二）任务总结

1. 苯乙烯的防护及应急处置方法。

苯乙烯具有毒性。能对环境和人们健康造成一定危害，对眼和上呼吸道有刺激和麻醉作用。对环境的污染来源是由于苯乙烯主要用于有机合成，特别是生产合成橡胶，苯乙烯还广泛用于生产聚醚树脂、增塑剂和塑料等。在维修设备时通过阀门，或在定期采样通过松开的压盖都会泄露到空气中，从而带来一定危险。它的危险特性是其蒸气与空气可形成爆炸性混合物，遇明火、高热或与氧化剂接触，有引起燃烧爆炸的危险。遇酸性催化剂如路易斯催化剂、齐格勒催化剂、硫酸、氯化铁、氯化铝等都能产生猛烈聚合，放出大量热量。其蒸气比空气重，能在较低处扩散到相当远的地方，遇明火会引着回燃。燃烧（分解）产物有一氧化碳、二氧化碳。

苯乙烯泄漏时的应急处理处置方法如下：

(1) 人员应迅速撤离泄漏污染区至安全区，并进行隔离，严格限制出入。切断火源。佩戴好面具、手套收集漏液，并用沙土或其他惰性材料吸收残液，转移到安全场所。切断被污染水体，用围栏等物限制洒在水面上的苯乙烯扩散。中毒人员转移到空气新鲜的安全地带，脱去污染外衣，冲洗污染皮肤，用大量水冲洗眼睛，淋洗全身，漱口。大量饮水，不能催吐，即送医院。加强现场通风，加快残存苯乙烯的挥发并驱赶蒸气。

(2) 应采取的防护措施。呼吸系统防护：空气中浓度超标时，佩戴过滤式防毒面具（半面罩）；紧急事态抢救或撤离时，建议佩戴空气呼吸器。眼睛防护：一般不需要特殊防护，高浓度接触时可戴化学安全防护眼镜。身体防护：穿防毒物渗透工作服。手防护：戴防苯耐油手套。其他：工作现场禁止吸烟、进食和饮水；工作毕，淋浴更衣。保持良好的卫生习惯。

(3) 急救措施。皮肤接触：脱去被污染的衣着，用肥皂水和清水彻底冲洗皮肤。眼睛接触：立即提起眼睑，用大量流动清水或生理盐水彻底冲洗至少 15 分钟，就医。吸入：迅速脱离现场至空气新鲜处，保持呼吸道通畅。如呼吸困难，给输氧。如呼吸停止，立即进行人工呼吸，就医。食入：饮足量温水，就医。

(4) 灭火方法。尽可能将容器从火场移至空旷处。喷水冷却容器，直至灭火结束。灭火剂为泡沫、二氧化碳、干粉、沙土。用水灭火无效。遇大火，消防人员须在有防护掩蔽处操作。

2. 苯乙烯的安全生产。

(1) 烷基化反应系统。

① 应严格监视反应器的温度、压力，进料苯和多乙苯中的水含量应小于 10×10^{-6}；反应器开停车应严格控制升温、降温速度；反应器系统的联锁必须正常投入使用，定期校

验联锁并有记录。

② 岗位巡检时，应加强对反应器的监视。定期用特殊的红外测温仪测定反应器有无过热点，发现过热点必须立即紧急处理；反应器降温用的喷淋水必须保持随时可用，至少每月试验一次。

③ 应严格进行检查反应器开车前的气密试验和干燥。

④ 应正常检查易被腐蚀的设备、管线、阀门、仪表的腐蚀情况。防腐衬层、设备及管线的壁厚。发现问题及时修理或更换。

⑤ 酸性物料泄漏时要用碱中和后，再放入废油。在地下废水槽及事故槽中工作时，应穿戴相应的防护用品，事故槽应经常保持无液面或低液面。

(2) 催化剂络合物配制系统。

① 应保持多乙苯和苯中含水小于 10×10^{-6}，氯化氢含水小于 50×10^{-6}。

② 受潮分解结块的三氯化铝禁止再用于生产。

③ 催化剂配制系统开车时，尾气吸收系统应保持正常开车。

(3) 脱氢反应系统。

① 严格控制反应器入口温度。进料蒸汽∶乙苯不得低于 1.3∶1。乙苯中二乙苯含量小于 10×10^{-6}，尽量减少开、停车次数，防止催化剂破碎。反应器最初开车应首先用氮气加热升温，床层温度达 200℃以上时方可通入蒸汽。尾气压缩机入口压力应保持为0.0276 MPa。反应器、蒸汽过热炉、尾气压缩机的联锁反应必须正常投用，并定期校检和记录。

② 安全阀应每年定压一次，防爆膜应每年检查一次，发现问题要及时更换或修理。

③ 尾气系统三台在线氧分析器都应正常投用，当有两台指示值超过 1%时联锁应动作，使系统升为正压操作。尾气在负压操作时需排入火炬系统，不准排入大气。

④ 反应器床层发现热点时应立即查找原因，必要时停车处理。

⑤ 应防止蒸汽过热炉超温。对过热炉火嘴要经常调整火焰，不要直接接触炉管和炉墙。反应系统由正压变为负压操作应缓慢进行，防止负荷突然加大，过热炉管骤冷损坏炉管。

⑥ 水、脱氢混合液分离器界面应严格控制在 70%，防止脱氢液中带水或水中带脱氢液。

⑦ 乙苯蒸发器停车前 2 h 应先停循环乙苯进料并加大排污，停车后应立即用乙苯洗涤系统，防止苯乙烯自聚物堵塞系统。

膨胀节要定期检查，膨胀节的检测氮气要通畅。

(4) 无硫阻聚剂配制系统。

① 冬季应保证系统的保温、伴热系统的正常运行。长期停车时应将乙苯/苯乙烯塔送料管线吹扫干净。

② 作业时应穿戴合适的防护用具，料桶要设立专用库房。作业人员工作完成后立即洗澡。淋浴及洗眼器应长年备用并经常检查维修。

(5) 其他部位。

① 变压吸附单元停车时要在 0.147 MPa 压力下氮封。要经常检查氢精制单元的静电接地和氢气泄漏情况。

② 应检查苯乙烯精馏塔塔顶采出线，按时加入阻聚剂，其加入量为(5～15)$\times 10^{-6}$，送贮罐的苯乙烯温度为5℃；停车时应用乙苯冲洗，防止苯乙烯自聚。

③ 乙苯/苯乙烯塔打开时要防止潮湿空气进入，检修完后氮封。开车要做气密和真空试验。

3. 异常现象及处理方法。

(1) 苯烷基化工段。

烷基化工段异常现象及处理方法见表7-4。

表7-4 烷基化工段异常现象及处理方法

异常现象	产生原因	处理方法
真空度下降	1. 工艺操作过程中有泄漏或有放空(① 回流槽打空，放空阀未关；② 釜液槽真空破坏) 2. 蒸汽压力波动或中断 3. 冷凝水中断或压力降低 4. 真空泵故障；设备、管道密封性破坏，有漏气 5. 仪表调节阀控制失灵	1. 检查泄漏或放空部位 (1) 关回流放空阀或泵出口阀，停回流泵，重新抽真空－0.06 MPa，然后开回流泵进行回流及顶出料 (2) 恢复贮槽真空 2. 与调度联系恢复正常 3. 与调度联系恢复正常 4. 检查空气冷凝器，三级喷嘴及设备有无损坏 5. 请仪表工检修排除故障
塔釜压力波动	1. 进料低沸物过多或回流过大 2. 塔釜加热蒸汽调节阀失灵 3. 塔釜液面上升造成淹塔 4. 设备漏气或再沸器管漏 5. 塔板有脏物积聚	1. 减少回流量，增加出料量 2. 检查仪表指示并与现场指示对照，并请仪表工检修 3. 减少进料或增加釜液出料，减少回流量 4. 检查漏气部位 5. 停车清理
塔顶温度波动	1. 真空波动造成温度波动 2. 回流或进料量波动 3. 塔釜蒸汽波动，影响蒸发量稳定，造成塔顶温度波动 4. 塔釜液面太低造成蒸汽不稳，影响塔顶温度	1. 检查真空波动原因，使之稳定 2. 调节流量，使之稳定 3. 检查蒸汽调节仪表及蒸汽波动原因，使之稳定 4. 减少釜液出料，增加回流进料量
塔釜温度波动	1. 增加加热蒸汽波动影响 2. 塔釜液面太低 3. 再沸器排气不畅或波动	1. 检查蒸汽调节阀 2. 减少釜出料或增加进料 3. 检查疏水器、排凝水情况
进料泵打空	1. 乙苯蒸出塔塔釜液面过低 2. 乙苯蒸出塔塔釜出料系统泄漏	1. 恢复塔釜液面，增加进料或回流 2. 停车或减压检漏使之密封
塔釜液面不稳	1. 塔釜蒸汽压力波动 2. 回流量不稳 3. 进料流量不稳 4. 釜出料过大或过少	1. 检查再沸器加热系统找出波动原因 2. 温度回流量 3. 稳定进料流量 4. 稳定出料流量

(2) 乙苯脱氢工段不正常现象及处理方法。

乙苯脱氢工段异常现象及处理方法见表7-5。

表7-5　乙苯脱氢工段异常现象及处理方法

异常现象	产生原因及处理方法
反应压力偏高	① 催化剂床层增加,应检查床层,催化剂烧结或粉碎,应限期更换 ② 乙苯或水蒸气流量加大,可调整流量 ③ 进口管堵塞,应停车清理,疏通管道 ④ 盐水冷凝器出口结冻,可调节或切断盐水解冻,严重时用水蒸气冲刷解冻
苯乙烯粗馏塔釜压力上升	① 进料中低沸物增加或加流过大,可增加塔顶出料,减少回流量 ② 再沸器加热蒸汽调节阀失控,釜温升高,应切换现成阀手控,请仪表工检修 ③ 塔釜液面过高,造成淹塔,减少进料,加大底出料 ④ 塔釜或溢流管有聚合物积聚,应停车清理聚合物 ⑤ 再沸器列管漏,可试压查漏
苯乙烯精馏塔顶温度波动	① 真空波动造成塔顶温度波动,检查并稳定真空度 ② 回流量与进料量波动,调节回流量与进料量 ③ 加热蒸汽波动,调节并稳定加热水蒸气 ④ 冷剂量波动,稳定冷凝水或盐水的压力和流量
苯乙烯精馏塔顶蒸出液减少	① 进料或加流量太大,减少进料及回流量 ② 塔板上有聚合物积聚,停车,清楚聚合物 ③ 真空度下降,提高4真空度 ④ 加热蒸汽阀失灵,请仪表工检修

二、拓展阅读——苯和乙烯直接合成路线(新)

由日本旭化成最新开发成功,苯和乙烯的气相混合物在含有HZSM-5沸石催化剂的存在下,在490℃的反应温度下,在含有氢分离膜的反应器中经过处理,得到选择性达93%的苯乙烯。该反应器内的氢分离膜是由镀铂烧结管制得的。

该公司开发的另一种直接制苯乙烯的技术是在含有氢渗透膜的反应器中,使苯和乙烯在气相条件下与沸石催化剂接触发生反应合成苯乙烯。该工艺中的沸石催化剂是用元素周期表中Ⅲ-Ⅴ族中的至少1种金属交换的。苯和乙烯在装有氢渗透膜的反应器中在锌交换的Na型ZSM-5催化剂存在下,于500℃下反应,苯乙烯的选择性为89%,乙烯转化率为88%。此工艺仍处于实验阶段,距离工业化应用尚有许多工作要做。

思考题

1. 你还查到了苯乙烯的哪些性质?
2. 你还查到了苯乙烯的哪些用途?
3. 你还了解苯乙烯的哪些下游产品?
4. 你还了解哪些苯乙烯生产企业?

5. 苯乙烯的工业生产方法有哪些？
6. 总结各种苯乙烯工业生产方法的反应原理。
7. 比较各种苯乙烯工业生产方法的优缺点。
8. 总结乙苯脱氢法生产过程中重要的影响因素。
9. 写出乙苯脱氢生产苯乙烯的主、副反应方程式。
10. 简述乙苯脱氢生产苯乙烯的工艺流程。
11. 苯乙烯生产过程中如何做到安全生产？

项目八 海藻化工生产

项目说明

以海藻为原料制成的化工产品主要有红藻胶质制品与褐藻化工产品两类。通过本项目的学习,使学生了解海藻化工产品的基本性质和用途,了解海藻化工工业的基本情况,掌握褐藻胶、碘、甘露醇的生产方法,掌握褐藻胶、碘、甘露醇生产工艺条件及影响因素,熟悉褐藻胶、碘、甘露醇的工艺生产流程及生产操作规程;同时,在学习过程中,培养良好的团队协作能力、良好的语言表达和文字表达能力以及安全生产、清洁生产的意识。

任务一 海藻化工工业概貌检索

知识目标

1. 了解国内外海藻化工工业的发展情况;
2. 掌握主要海藻化工产品的理化性质;
3. 掌握主要海藻化工产品的工业用途。

能力目标

1. 能够熟练利用工具书、网络资源等查找海藻化工产业概貌;
2. 能够对收集信息进行分类和归纳。

素质目标

1. 良好的语言表达能力;
2. 团结协作的精神。

一、海藻化工的原料和产品

(一) 布置任务

认识海藻化工。

检索海藻化工主要原料和产品。

（二）任务总结

海藻化工是以海藻为原料制成产品的化工工艺。海藻是生长在海中的藻类，迄今为止，世界各国藻类学家对藻类的分类地位并没有统一认识。我国藻类学者们认同把藻类分为红藻门、硅藻门、褐藻门、绿藻门等 12 个门。其中开发利用较为成熟的是褐藻门和红藻门。

海藻加工产品主要有红藻胶质制品与褐藻化工产品两类。

红藻胶质制品主要有琼胶、卡拉胶等。

琼胶也称琼脂、冻粉，是从石花菜、江篱等红藻中用热水提取出来的一种海藻多糖。加热至 90℃左右呈溶胶状、冷至 30℃左右时呈凝胶状、强度较高的凝胶。食品工业上主要用做软糖、冻胶、罐头制品的凝冻形成剂、冷饮食品的稳定剂和乳化剂等；医学上可用做细菌培养基、轻泻药、弹性印模料等。由琼胶生产的琼胶糖在病理鉴定、生化凝胶电泳和层析中用途很广。

卡拉胶是从角叉菜等红藻中以热水提取出的胶质其胶液经处理可分成沉淀和不沉淀两部分，主要用于食品工业中制造甜食冻胶制品、软糖和罐头食品的凝冻成形剂，以及制造乳制品和冷饮食品的乳化剂和稳定剂等；此外，也用于制造牙膏、固相酶、溃疡治疗剂、崩解剂等。

褐藻化工产品主要有褐藻胶、碘、甘露醇。

1. 褐藻胶。

（1）褐藻胶的理化性质。

褐藻胶是褐藻门类藻中提取的一种物质。其主要成分为多聚甘露糖醛酸和多聚古罗糖醛酸所构成的高分子化合物。褐藻胶广泛存在于巨藻、海带、昆布、鹿角菜、墨角藻和马尾藻等上百种褐藻的细胞壁中。多数以钙盐和镁盐的形式存在。

褐藻胶相对分子质量可高达 20 万。但为线型分子结构，因此，可抽成丝或制成薄膜。其中以褐藻酸钠为例，单体分子式为 $C_5H_7O_4COONa$，结构式如图 8-1 所示。

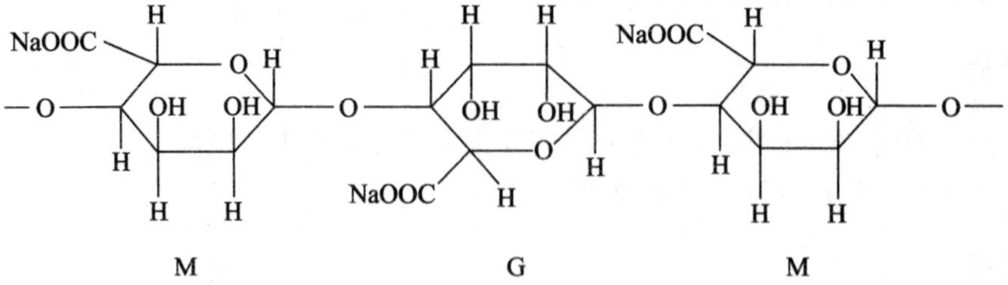

图 8-1 褐藻酸钠的结构式

褐藻胶，包括水溶性褐藻酸钠、钾等碱金属盐类和水不溶性褐藻酸及其 2 价以上金属离子结合的褐藻酸盐类，是一类食品胶，是一种天然的高分子电介质，不溶于有机溶剂，但加热后可以混溶。

由于大分子刚性及较高的氢键缔合能力，褐藻酸溶液具有很高的黏度。

① 随温度变化：黏度随温度的升高而降低；在加热一定时间后，由于热裂解反应，黏度发生永久性降低。

② 随 pH 变化：黏度随 pH 的变化却成一倒钟形曲线，在 pH 为 7 时黏度最大。

褐藻胶无论是在水溶液中或是干品，都会发生不同程度的降解，其黏度不断下降。褐藻胶在中性条件下，降解速率较低；pH 小于 5 或大于 10 时，其降解速率明显加快。一般而言，褐藻胶在 60℃以下比较稳定。

(2) 褐藻胶的产品应用。

① 食品上的应用。

疗效食品：褐藻胶具有抑制血清中的胆固醇，肝脏中的胆固醇、总脂肪和总脂肪酸浓度上升的作用，并且有整肠、减肥、降血糖、抑制放射性锶和镉在体内的吸收、排铅等特殊的保健作用。

仿生食品：褐藻胶凝胶在仿生食品领域显示了特别的优越性，可以根据需要制成各种形态和织态的仿生食品，主要有仿肉食品、仿水果食品、仿水产食品、人造土豆片等。

食用膜剂材料：利用褐藻胶溶液和钙盐生成褐藻胶酸钙凝胶的特性，可用做鱼、肉、水果类食品的保鲜膜，这样不但可以避免酶作用与氧化作用，并能防止食品脱水。

食品稳定剂和增稠剂：在冷食品方面，代替琼胶、明胶和淀粉作为冰糕、冰淇淋的稳定剂、增稠剂。利用褐藻酸钠及其衍生物藻酸丙二醇酯做啤酒的稳定剂，有助于促进啤酒澄清及泡沫的稳定性。

食品黏合剂：用褐藻酸钠做生产挂面的添加剂，可改良面条组织的黏结力，增强拉力和弯曲度，减少断头率。褐藻胶水溶性好，黏度高，在动物体内具有良好的生理机能，作为鱼、虾配合饵料黏合剂。

② 农业上的应用。

褐藻胶的杀螨效果虽不如化学农药，但对螨虫有一定的抑制作用，防治效果可达 50%～80%，具有无毒、无异味的特点，对于保持良好的生态环境具有重要意义。

褐藻胶对烟草病毒有一定的抑制效果，对茶叶、烟草有增产和提高品质的作用。可使苹果、柑橘叶色浓绿，叶片增大增厚，对减少柑橘冬季落叶和防止冻害有一定效果。

③ 医学上的应用。

用褐藻酸钠制备的三维多孔海绵体可替代受损的组织和器官，用做细胞或组织移植的基体。

它是一种具有控释功能的辅料，在口服药物中加入褐藻酸钠，由于黏度增大，可延长药物的释放，延长疗效、减轻副反应。

褐藻酸钠是一种天然植物性创伤修复材料，可制作凝胶膜片或海绵材料，用来保护创面和治疗烧、烫伤。

用褐藻酸钠制成的注射液，具有增加血容量、维持血压的作用，可维持手术前后循环的稳定性。

褐藻酸钠是较理想的制片黏合剂，用量即使增加到 1%以上，崩解时间也不增加，优于明胶、淀粉，也可用于制备肠溶胶囊。

褐藻酸钠还可用做牙科咬齿印材料、止血剂、涂布药、亲水性软膏基质以及避孕药等。

④ 纺织工业等方面的应用。

由于海藻酸钠具有印花织物易着色、色泽鲜艳、手感柔软等特点，一直是棉织物活性染料印花中最常用的染料，还可作为经纱浆料，防水加工、制造花边用水溶纤维。

由于海藻酸钠易溶于水，而且稍经处理即可成膜，可作为肉类、水产品及水果的冷藏包装材料；此外，还可作为酒类的澄清剂、人造海蜇皮、牙膏基料、洗发剂、整发剂等，在造纸工业上可用做施胶剂，在橡胶工业中用做胶乳浓缩剂，还可制作水性涂料和耐水性涂料。

⑤ 其他方面的应用。

褐藻胶作为净水剂，利用褐藻酸钠与钙离子、铁离子等形成凝胶沉淀，及其较强的吸附性。此性质还可用于糖加工中絮状固体的吸附，以净化糖。

2. 甘露醇。

(1) 甘露醇的理化性质。

甘露醇(Mannitol)，又名 D-甘露醇、木蜜醇，是一种己六醇(带 6 个羟基的六元醇)，沸点为 290℃～295℃(467kPa)，相对密度为 1.52，熔点为 167℃～170℃，比旋光为 141°(c=USP-directives)。1 g 该品可溶于约5.5 mL水(约 18%，25℃)、83 mL 醇，较多地溶于热水，溶于吡啶和苯胺，不溶于醚。水溶液呈碱性。

甘露醇是山梨糖醇的异构化体。山梨糖醇的吸湿性很强，而该品完全没有吸湿性。甘露醇具有清凉甜味，甜度为蔗糖的 40%～50%。甘露醇的分子式为 $C_6H_{14}O_6$，相对分子质量为 182.17，结构式为

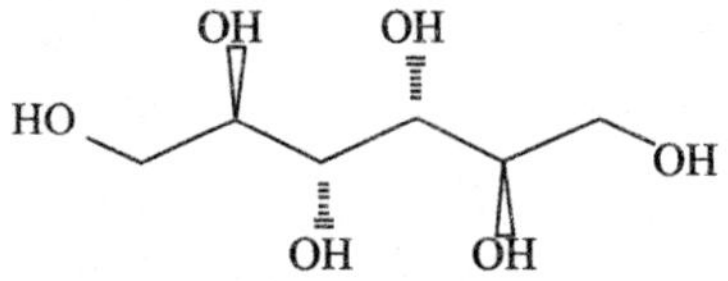

图 8-2　甘露醇结构式

(2) 甘露醇的产品应用。

① 在食品应用上：

ⅰ. 甘露醇作为化学制药的原料有着广泛的用途和宽阔的应用前景。甘露醇由于能部分吸收并发生代谢，是一种较强的自由基消除剂，以及其渗透性脱水和利尿作用，在医药临床上大量使用。加上甘露醇的特殊物理性质，使其作为中间体在有机合成上也广为应用。甘露醇在化学结构上有 6 个羟基，还可合成各种化工产品。

ⅱ. 甘露醇硬脂酸脂可防止食品中的油脂分离，可使饼干松脆，不易受潮，用于糖果可起定型作用。

ⅲ. 由于甘露醇在糖及糖醇中的吸水性小，常用于麦芽糖、口香糖、年糕等食品防粘。

ⅳ. 尤其是它被允许制作低热值食品(糖尿病患者食品及健美食品)及低糖食品的甜味剂。

② 在医药应用上：

ⅰ. 甘露醇在医药上是良好的利尿剂，降低颅内压、眼内压及治疗肾药、脱水剂、食糖代用品，也用做药片的赋形剂及固体、液体的稀释剂。

ⅱ. 甘露醇注射液作为高渗透降压药，是临床抢救特别是脑部疾患抢救常用的一种药物，具有降低颅内压药物所要求的降压快、疗效准确的特点。作为片剂用赋形剂，甘露醇无吸湿性，干燥快，化学稳定性好，而且具有爽口、造粒性好等特点，用于抗癌药、抗菌药、抗组织胺药以及维生素等大部分片剂。

ⅲ. 此外，也用于醒酒药、口中清凉剂等口嚼片剂。

③ 在其他应用上：

ⅰ. 在工业上，甘露醇可用于塑料行业，制松香酸酯及人造甘油树脂、炸药、雷管(硝化甘露醇)等。

ⅱ. 在饲料工业中，甘露醇做添加剂可改善其味道和生物效价。

ⅲ. 在农业生产中，可用做植物生长调节剂，还可用做苹果贮藏保鲜剂，以减慢苹果酸氧化，提高维生素 C 含量。

ⅳ. 在化学分析中用于硼的测定，生物检验上用做细菌培养剂等。

3. 碘。

(1) 碘的理化性质。

单质碘是紫黑色晶体或蓝黑色鳞片状或片状固体，有金属光泽，有辛辣刺激气味，性脆，易升华，在常温时挥发紫色腐蚀性蒸气，应密封阴凉干燥保存。碘有毒性和腐蚀性，熔点为 113.5℃，沸点为 184.35℃，易溶于乙醚、乙醇、氯仿和其他有机溶剂形成紫色溶液，但微溶于水(但如果水中含碘离子会使其溶解度增大)。

(2) 碘的产品应用。

碘是制备无机碘化物和有机碘化物的基本原料。

① 在食品应用上：

碘酸钠可以改善面包的质量。碘酸钾可以作为加碘盐的添加剂，在饲料中添加碘化蛋白，可以防止各种疾病。

② 在农业方面应用上：

碘是制备农作物生长激素 4-碘苯氧乙酸的原料，也是家畜饲料的添加剂。

③ 在医药卫生应用上：

它可用做各种碘制剂、杀菌剂、脱臭剂、镇痛剂以及放射性物质的解毒剂等。碘具有强烈的杀菌消毒作用，碘酒(碘酊)是碘的酒精溶液；利戈利溶液(含碘化钾的碘的水溶液)用于肋膜炎、扁桃腺炎、慢性关节炎、骨折等治疗。碘化钾、碘化钠、复方碘溶液可以用于治疗单纯性甲状腺肿，甲状腺功能亢进的术前准备，也可用于甲状腺危象；由于碘化钾对心脏的影响较少，还可以用于重金属中毒、第三期梅毒治疗。碘对放射性元素有特别的阻力，因此碘化油类可以作为 X 光的造影剂，碘也是放射物质的解毒剂。

④ 在其他方面应用上：

它用于合成染料；用于制造烟雾灭火剂、照相感光乳剂、切削油乳剂的抑菌剂等。此外，元素碘和无机碘还可用于制造电子仪器的单晶棱镜、光学仪器的偏光镜。碘还用做松香、妥尔油及木材制品的稳定剂，烷烃与烯烃的分离剂，高纯锆、钛、硅及锗的提炼剂，分析化学试剂，食品改良剂。碘化物也用做软水净化剂以及游泳池消毒剂等。

二、国内外海藻化工工业概貌

（一）布置任务

检索国内外海藻化工工业发展情况；

（1）检索近几年世界海藻化工工业生产情况；

（2）检索我国海藻化工工业发展历程及产业发展形势。

（二）任务总结

1. 世界海藻化工工业生产情况。

1670年，日本发现了红藻生产琼胶的方法，并开始海藻胶的生产。

美洲有非常丰富的巨藻资源。墨西哥每年的巨藻产量高达2.92万吨，廉价销往美国。这种海藻多年生、个体大、生长快，可以用做家禽饲料，是生产多种工业品及药用品的工业原料，美国和日本正在大力进行巨藻的研究。

挪威的海藻资源较为丰富，总储量为1100万吨，系野生的海藻。挪威的海藻工业以生产褐藻胶及海藻粉为主要产品，产品品种很多，有食用胶、药用胶和高纯度胶。海藻粉主要用于生产动物饲料。挪威褐藻胶的年产量约为7000吨，海藻粉约为4000吨。

美国的褐藻胶工业在世界上占有重要地位，品种近百种，应用广泛，质量优良，尤以胶的纯度、黏度、稳定性和溶解速度四大质量指标闻名于世。

2. 国内海藻化工工业发展情况。

20世纪50年代末，我国进行了从海带提取褐藻胶、甘露醇和碘的综合利用研究。从20世纪60年代开始，我国的海藻工业开始发展，60年代末投入工业性生产，形成了从海带中以提碘为主、褐藻胶和甘露醇为副产品的海藻综合利用。我国的红藻主要是用石花菜、江蓠、角叉菜和麒麟菜生产琼胶及卡拉胶。近年来，我国已成功地利用末水紫菜提取琼胶，生产工艺为国际首创。

我国海藻工业经过40年的努力，自力更生探索和总结出的现行生产工艺，与美国、日本、挪威等先进国家相比，提胶工艺基本相同，但设备差距较大、生产管理水平较低、产品品种单一、质量不稳定，在国际市场上缺乏竞争能力。

三、拓展阅读——青岛明月海藻集团有限公司

青岛明月海藻集团有限公司位于山东省青岛市西海岸新区，是一家以海洋大型褐藻为原料生产海藻生物活性物质及健康产品的国家级创新型企业，年产海藻酸盐系列产品13000吨，是目前全球最大的海藻生物制品企业之一，主要从事海藻酸盐、功能糖醇、海洋化妆品、海洋功能食品、海洋生物医用材料、海藻生物肥料六大产业的研发与生产。公司先后荣获海藻活性物质国家重点实验室、国家认定企业技术中心、国家地方联合工程研究中心、国家创新型企业、国家“863”计划成果产业化基地、国家海洋科研中心产业化示范基地、全国农产品加工业示范企业、国家高新技术企业、国家科技进步二等奖、全国农产品加工业出口示范企业、国家外贸转型升级专业型示范基地等称号。

明月海藻集团始终秉承“追求卓越，用心创造”的发展理念，坚持“凝聚天然、缔造健

康”的发展观，瞄准国家目标，先后承担国家科技支撑计划、国家“863”计划等国家级项目20多项，开发了功能食品及配料、海洋化妆品、医用材料及敷料、绿色农用肥料等100多种新产品。制定产品技术标准100多项，其中承担或参与制定修订了“海藻酸钠”“海藻酸钾”“海藻酸钙”“海藻酸丙二醇酯”“岩藻多糖”等五项国家及行业标准，通过省部级科技成果评价30多项，申请国家发明专利70项，已授权38项，获得国家科技进步二等奖1项、省部级科技奖3项，储备了一批科技含量高、市场前景广阔的产品和技术。公司被认定为国家级创新型企业、国家技术创新示范企业、国家外贸转型升级示范基地，是山东省、青岛市蓝色经济重点示范企业，成为我国海藻生物产业的龙头企业。与此同时，明月海藻集团通过传统营销、互联网营销、复合营销、体验式营销“四位一体”的大营销战略体系，使主导产品市场占有率稳步提升，国内、国际市场占有率分别达到33%、25%以上，同时拉动了养殖、运输、加工、研发、出口整个海藻精深加工产业链条的发展壮大。

在国家“十三五”期间，明月海藻集团将紧紧抓住海洋强国以及青岛西海岸新区建设战略机遇，坚持蓝色引领，突出“蓝色、高端、新兴”发展主题，围绕大营销、原料供应、生产制造、管理创新、技术创新、多元化融资、服务创新、品牌文化“八大战略”体系，加快自主创新和产学研联合，致力于海洋生物产业的深度开发和应用，进一步延伸海洋生物产业链，积极谋求产业深度转型，推动产业由原料中间型向终端消费型转变，提升产品的科技含量和附加值，使产业发展不断迈向深蓝，全力打造全球最优秀的海洋生物企业。

任务二　褐藻胶生产技术

知识目标

1. 了解褐藻胶的工艺发展；
2. 理解褐藻胶的典型工艺原理。

能力目标

能对褐藻胶的几种主要工艺方法进行分析比较。

素质目标

1. 良好的语言表达能力；
2. 一丝不苟、实事求是的工作态度；
3. 安全生产、清洁生产的责任意识；
4. 团结协作的精神。

一、褐藻胶的工艺发展

（一）布置任务

利用各种信息资源查找褐藻胶的制备工艺的历史演变过程。

（二）任务总结

1881 年，英国化学家 Stanford 从海藻中发现了褐藻胶。

褐藻胶最初用途是在食品上，居住在印尼的欧洲人用于制作果冻和蔬菜冻，后来传到了欧洲。目前海藻胶还被用于食品增稠剂、食品添加剂、医疗医药中等等。

从制胶原料来看，美国生产褐藻胶的原料主要是巨藻。巨藻为世界性藻类，主要产于智利、墨西哥、美国和澳大利亚等海域，产量很大。欧洲主要以泡叶藻和指状海带为原料。我国生产褐藻胶的原料，历年来均为海带以及少量马尾藻，因为我国人工养殖海带的年产量很高，资源丰富，但原料成本相对较高。

从生产工艺来看，自发现褐藻胶 100 多年来，美、英、日、挪、法等国的生产工艺，基本上仍用纯碱 Na_2CO_3 消化工艺。至今国内也是沿用碱消化旧工艺生产中黏度类的褐藻酸钠，近几年也开始衍生出了酶法提取等方法的研究。

我国目前的褐藻胶工业主要问题是生产品种单一，质量较差，尤其胶的纯度不高、黏度不稳定、溶解速度慢，在国际市场缺乏竞争力。

二、褐藻胶的制备工艺

（一）布置任务

利用各种信息资源查找归纳当前国内外褐藻胶的制备工艺生产方法、反应原理及工业生产情况。

（二）任务总结

当从海藻中提取海藻胶时，由于海藻的来源不同，其提取工艺亦不尽相同，目前主要有酸化法和钙化法。

海带制海藻酸钠的工艺流程为：

海带→浸泡→切碎→消化→稀释→粗滤→高压泵打泡→漂浮→过滤→凝析→漂白→脱水→中和→干燥→粉碎→包装。

原料的预处理：鲜海带要经过稀酸处理、水洗、甲醛处理才进入消化过程。甲醛有固定蛋白质和色素的作用，同时，甲醛对海带体内的有机物质有溶胀作用并能破坏和软化细胞壁纤维组织，从而在碱提取过程中有利于褐藻酸盐的置换与溶出。处理方法：新鲜海藻用浓度为 8%的甲醛溶液浸泡或喷淋后，贮藏于样仓中备用，干海带则先用清水浸泡水洗后，再以 0.5%～1.0%的甲醛溶液浸泡即可。

褐藻酸钠的提取：藻酸钠的提取工艺是一种典型的离子交换过程，主要包括以下几个步骤。

① 消化。

海藻在碱和加热条件下，藻体中的水不溶性褐藻酸盐转换为水溶性的碱金属盐。

$M(Alg)_n + Na_2CO_3 \longrightarrow NaAlg + MO + CO_2$

M—Ca^{2+}、Fe^{2+}、Al^{3+}等金属离子。

Alg—褐藻酸。

此步的目的是将海带中的不溶性褐藻酸盐转化为水溶性的碱金属盐提取出来，提高产量。

② 凝析。

水溶性的褐藻酸钠在无机酸或钙离子的作用下与溶液分离，形成水不溶性褐藻酸或褐藻酸钙沉淀，使溶于水的大量无机盐、色素等杂质随水排除，提高产品纯度。此过程分酸析和钙析两种。凝析前要先通过打泡机将清胶液与空气充分混合。

酸析法是使用盐酸或硫酸做凝析剂。二者相比，盐酸的效果优于硫酸。

$NaAlg + HCl = HAlg \downarrow + NaCl$

钙析法是用氯化钙做凝析剂。

$2NaAlg + CaCl_2 = Ca(Alg)_2 \downarrow + 2NaCl$

获得的褐藻酸钙可以用盐酸脱钙，转化为褐藻酸。

$Ca(Alg)_2 + 2HCl = 2HAlg \downarrow + 2CaCl_2$

褐藻酸是一种性质很不稳定的天然高聚物。在常温下容易降解，褐藻酸盐则比较稳定。国内一般为钠盐，所以最后一步就是将褐藻酸与钠盐充分混合，形成水溶性的褐藻酸钠。

$2HAlg + Na_2CO_3 = 2NaAlg + CO_2 + H_2O$

任务三　甘露醇生产技术

知识目标

1. 了解甘露醇的工艺发展；
2. 理解甘露醇的典型工艺原理。

能力目标

能对甘露醇的几种主要工艺方法进行分析比较。

素质目标

1. 良好的语言表达能力；
2. 一丝不苟、实事求是的工作态度；
3. 安全生产、清洁生产的责任意识；
4. 团结协作的精神。

一、甘露醇的工艺发展

（一）布置任务

利用各种信息资源查找甘露醇的制备工艺的历史演变过程。

（二）任务总结

1806 年，Proust（普鲁斯特）最先从甘露蜜树中分离出来，故取名为甘露醇，从此开创了用热乙醇或其他可选溶媒从以上树汁或其他天然原料中提取甘露醇的先例。

1884 年，Stenhouse(斯坦豪斯)从褐藻中发现了 4-甘露醇。

1937 年，甘露醇的主要来源在西西里甘露树液，以后从海带中提取，以及通过葡萄糖的分批电化反应制得。

1947 年，法国、荷兰等国直接用蔗糖水解成转化糖催化氢化生产山梨醇、甘露醇。

1948 年，甘露醇与山梨醇开始应用连续氢化法生产。

20 世纪 50 年代，美国即开始采用转化糖（蔗糖水解产物）催化加氢制备甘露醇，但随着糖价格上涨及转化糖加氢路线甘露醇的收率较低，该方法的推广受到限制。

20 世纪 60 年代初期，山东、辽宁、广西等海洋化工厂从海藻提碘与提取海藻酸钠后的废水中提取甘露醇。

20 世纪 70 年代我国开始寻求海带原料以外的资源来生产甘露醇。1975～1976 年，江西发酵工业研究所采用甘蔗糖蜜水解氢化分离方法制备甘露醇并获得成功。1978 年，湖南轻工业研究所在上述研究基础上取得新的结果。1981 年，广西南宁有机化工厂与广西轻工业研究所协作用葡萄糖为原料催化氢化得甘露醇和山梨醇。

2002 年，南宁化工研究设计院 5 kt/a 甘露醇-山梨醇生产装置投入运行，且通过差向异构制取甘露糖的研究也取得可喜的进展。

二、甘露醇的制备工艺

（一）布置任务

利用各种信息资源查找归纳当前国内外甘露醇的制备工艺生产方法、反应原理及工业生产情况。

（二）任务总结

目前制取甘露醇的主要方法可分为提取法、化学合成法和生物法制备法。

提取法主要为海带废水提取，分为重结晶法、膜集成技术、纳滤技术。

化学合成：蔗糖催化氢化法、生物法制备。

生物法制备法可以分为以甘露糖为原料法及以葡萄糖为原料法。

1. 海带废水提取。

在我国由海带提碘和褐藻酸钠的海藻加工企业中，不少单位将提碘后的海带浸泡水作为工业废水直接排放掉。这样做不仅严重地污染了生态环境，而且使该废水中所含的宝贵的药用辅料——甘露醇白白地流失掉了，造成了水和甘露醇资源的浪费。因此，对海带处理废水中的甘露醇进行提取有着很大的实际操作意义。这里主要介绍重结晶法和膜集成工艺。

(1) 重结晶法。

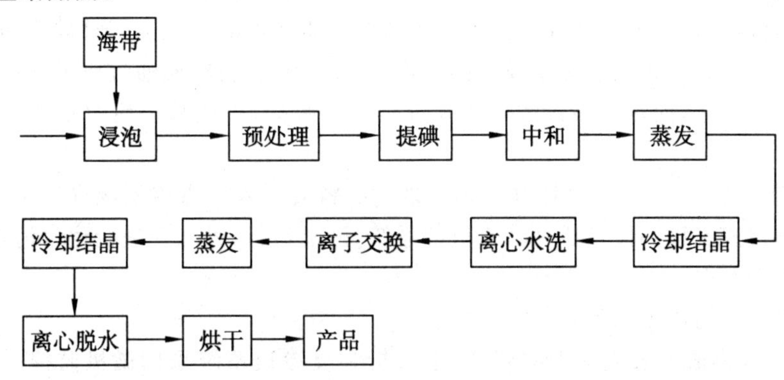

图 8-3 重结晶法提取甘露醇工艺流程简图

重结晶法沿用已久,但存在一定的缺点,如:

① 料液要经过两次蒸发浓缩和结晶过程,因此能耗高。

② 由于料液中除含甘露醇之外,还含有 3%的无机盐,主要是 NaCl 或 Na_2SO_4 和一定的硬度离子。这些无机盐离子的存在会对不锈钢材质的蒸发器产生严重腐蚀,引起蒸发器结垢。这些均会缩短蒸发器的使用寿命,增大设备的维修和更换费用,还会给生产带来不安全因素。

③ 自动化程度低,人工劳动强度大,生产环境差。

(2) 膜集成工艺。

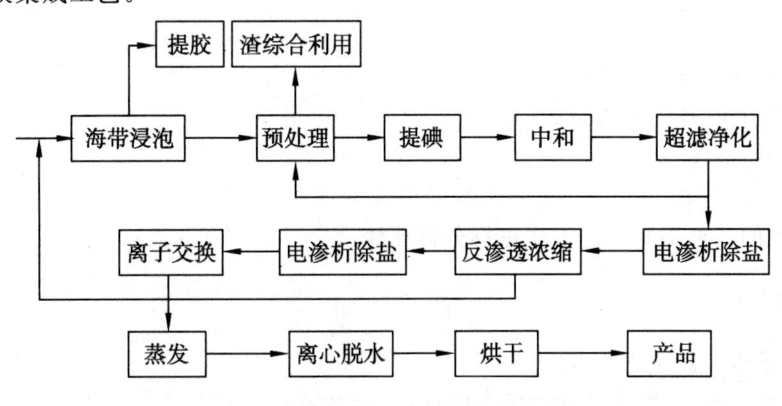

图 8-4 膜法提取甘露醇工艺流程简图

整套膜集成技术提取甘露醇工艺系统由料液预处理、超滤净化、电渗析脱盐、反渗透浓缩和后处理五部分组成。

① 料液预处理系统:提碘后的海带浸泡水先后经过絮凝和自动恒压式过滤机进行固液分离。

② 超滤净化系统:超滤作为预处理手段,进一步净化料液。采用自动空气反吹和料液自动反洗 PLC 以及每 24 小时定期进行化学清洗的程序。空气吹出的浓缩液返回到预处理系统重新进行絮凝过滤处理。化学清洗剂采用了研究开发出的 PM 型专用清洗

剂,为除去丰富的胶体、蛋白质、多糖类有机物及无机盐。

③ 电渗析脱盐系统:该系统由一次脱盐和二次脱盐系统组成。过滤后的海带浸泡水通常含无机盐,这些无机盐在反渗透装置浓缩甘露醇的时候也会同时被浓缩。无机盐含量高,渗透压就大,必然会要求较高的操作压力。因此,将料液通过离子交换膜电渗析装置进行一次脱盐,而对反渗透浓缩液要进行二次脱盐,以便减轻后面步骤中离子交换的负荷。

④ 反渗透浓缩系统:将经脱盐和预处理过的料液泵入反渗透系统进行预浓缩,采用部分循环浓缩式流程。设计成两套平行的系统,一套运行,另一套进行化学清洗,即用清洗剂每天清洗一次。

膜集成工艺的优点如下:

① 整个膜集成工艺流程中的超滤、电渗析和反渗透系统采用微机监控。操作运行和管理非常简便。

② 各部分均能在较低压力下运行;反渗透操作压力是很稳定的;而且该工艺利用工业余热对料液进行了预热处理,减小了温度变化对膜通量的不利影响。

③ 整个工艺系统稳妥可靠,节能效果明显,经济效益显著。

④ 工人的劳动强度和生产环境也得到了改善。

任务四　碘生产技术

知识目标

1. 了解碘的工艺发展;
2. 理解碘的典型工艺原理。

知识目标

能对碘的几种主要工艺方法进行分析比较。

素质目标

1. 良好的语言表达能力;
2. 一丝不苟、实事求是的工作态度;
3. 安全生产、清洁生产的责任意识;
4. 团结协作的精神。

一、碘的工艺发展

(一)布置任务

利用各种信息资源查找碘的制备工艺的历史演变过程。

（二）任务总结

1811 年，法国化学家 Curtois（库特瓦）从海藻灰中发现碘。最早的制碘工厂是在英国的哥拉斯哥（Glasgow），由佩特森（Paterson）建造。

1814 年，蒂塞（Tisser）在法国的舍森（Sherbourg）和布雷斯特（Brest）相继建厂后，又在苏格兰、爱尔兰和荷兰等沿海地区建立工厂，原料为海藻（由于褐色海藻中碘浓度很高，海藻在 19 世纪早期就已作为生产碘的原料，同时碘也在海水、土壤中，以及以碘离子和其他碘衍生物的形式在空气中存在，但浓度很低）。之后制碘工业的发展，原料从单一的海藻发展到海带、智利硝石、油、气田水、地下卤水等，亦出现多种生产方法，以适应世界消费不断增长的需求。

今天，碘的生产主要在一些具有高浓度碘盐水的地区进行，高浓度碘盐水来自天然气田和油田以及智利的生硝沉积物。

二、碘的制备工艺

（一）布置任务

利用各种信息资源查找归纳当前国内外碘的制备工艺生产方法、反应原理及工业生产情况。

（二）任务总结

目前碘的提取方法有利用海藻、卤水提取碘，如灰化法、空气吹出法、离子交换法、活性炭吸附法等。

1. 灰化法。

灰化法是将海藻干燥烧成灰，用热水浸取，浸取液蒸发浓缩，分离出氯化钾等无机盐及甘露醇等有机物，在浓缩液中加入氧化剂使碘离子氧化，将母液分离得到粗碘。

海藻干燥→烧成灰→热水浸取→蒸发浓缩→氧化→分离

2. 发酵法。

发酵法是将海藻在酵素存在下发酵一段时间，使其中的可溶盐类被溶入溶液中，经蒸发浓缩除去有机物和钾盐，再用氯气氧化提取碘。

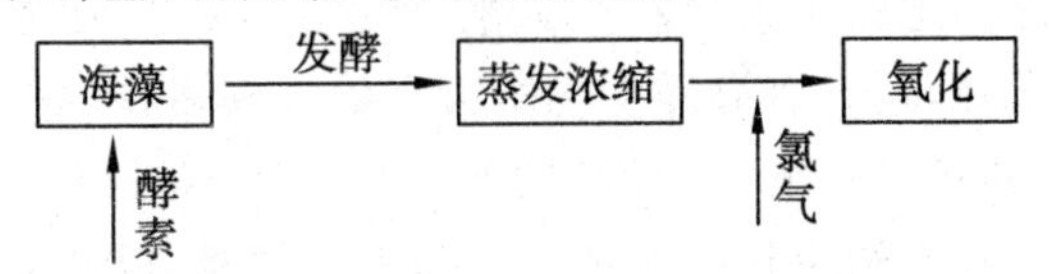

图 8-5 发酵法提取碘工艺流程简图

3. 浸出吸附法。

浸出吸附法是将海藻用水浸泡，使碘、氯化钾、甘露醇等进入浸取液中（含碘质量分数为 0.01%～0.03%），然后往该溶液中通入氯气或其他氧化剂将碘氧化，再用活性炭或离子交换树脂吸附或富集碘。

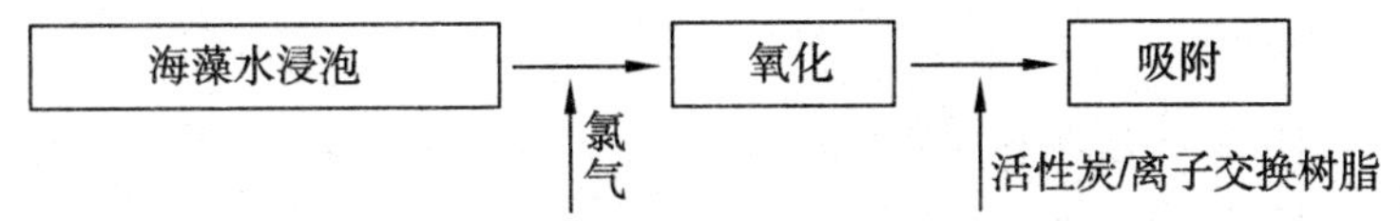

图 8-6 浸出吸附法提取碘工艺流程简图

4. 空气吹出法。

卤水一般分为盐田卤水和油气田卤水。空气吹出法适用于含碘量相对较高的原料液。首先,卤水中的碘离子与氧化剂反应生成单质碘。碘的蒸气压较高,平衡时碘蒸气分压与母液含碘浓度符合亨利定律,因此将含单质碘的卤水从解吸塔上部喷下,从塔的底部吹入空气使之与卤水逆流接触可将碘吹出。含碘空气再经过吸收、结晶和精制工序可制得粗碘。

5. 离子交换法。

若原料液中碘含量太低,不足以析出碘,则需要先对碘进行富集,最常用的富集方法是离子交换法。该法是将含碘原料液加酸,通过氧化剂氧化生成碘单质,在离子交换柱中吸附单质碘;然后通过碱洗的方法将碘从交换柱上解吸下来,解吸液中的碘经酸化处理可析出单质碘,过滤即可得到粗碘。

6. 活性炭吸附法。

活性炭吸附法提取碘,首先向卤水中加入无机酸调整溶液的 pH 为 2.0～4.0,再加入氧化剂使碘氧化,含单质碘的溶液通过活性炭层,碘分子被活性炭吸附。吸碘后的活性炭用氢氧化钠或碳酸钠洗脱,碘转入洗脱液中,再加入盐酸酸化,析出粗碘,将粗碘精制得成品碘。

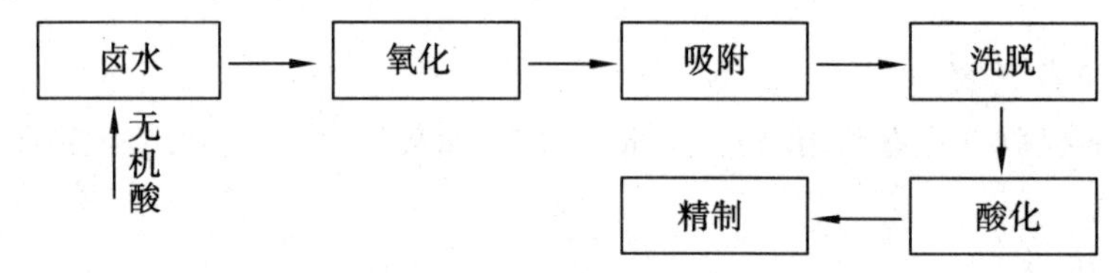

图 8-7　活性炭吸附法提取碘工艺流程简图

二、拓展阅读——海藻制肥

海藻肥是一种使用海洋褐藻类生产加工或者是再配上一定数量的氮磷钾以及中微量元素加工出来的一种肥料。目前有多种形态,市场上主要是以液体跟粉末为主,很少一部分是颗粒状态。海藻肥的主要原料是天然海藻提取物。海藻肥除含有大量非含氮有机物和微量营养元素外,还含有海洋生物所特有的海藻多糖、藻朊酸、高度不饱和脂肪酸,以及陆生植物稀有的锌、镍、溴、碘等矿物元素以及丰富的维生素,极易被植物吸收,能够调节植物营养生长和生殖生长的平衡。因为上述优势,以及对人、畜无害,对环境无污染,在国外,海藻肥被列为有机食品生产专用肥料。

近年来,我国的海藻肥料有了长足的发展,目前主要生产企业都集中在山东半岛地区,如中国海洋大学生物工程开发有限公司、青岛明月海藻集团有限公司、青岛聚大洋海藻集团等。

思考题

1. 你还查到了哪些海藻化工产品?
2. 你还查到了褐藻胶产品的哪些用途?

3. 你还查到了甘露醇产品的哪些用途?
4. 你还查到了碘产品的哪些用途?
5. 你还了解哪些海藻化工生产企业?
6. 简述海带制海藻酸钠的工艺流程。
7. 简述膜法提取甘露醇的工艺流程。
8. 总结膜法提取甘露醇工艺的优点。
9. 总结国内外碘的制备工艺生产方法。

参考文献

[1] 陈群.化工生产技术[M].2版. 北京:化学工业出版社,2014.

[2] 刘振河.化工生产技术[M].2版. 北京:高等教育出版社,2013.

[3] 吴雨龙.化工生产技术[M].北京:科学出版社,2012.

[4] 方度,蒋兰荪,吴正德.氯碱工艺学[M].北京:化学工业出版社,1990.

[5] 严福英.聚氯乙烯工艺学[M].北京:化学工业出版社,1996.

[6] 大连化工研究设计院.纯碱工学[M].北京:化学工业出版社,2004.

[7] 裴正建.纯碱生产工艺综述[J].内蒙古石油化工,2010,(21):95-96.

[8] 韩行治.联合制碱工艺[M].辽宁科学技术出版社,1989.

[9] 陈学勤.氨碱法纯碱生产工艺[M].辽宁科学技术出版社,1989.

[10] 王全.纯碱制造技术[M].化学工业出版社.

[11] 中国纯碱工业协会.中国纯碱发展战略研究[M].化学工业出版社,2004.

[12] 许加超.海藻化学与工艺学[M].1版.青岛中国海洋大学出版社,2014.

[13] 刘洪章.中国硅胶的生产现状和发展探讨[J].无机盐工业,1995,(6):16-19.

[14] 刘洪章.中国硅胶行业的生产现状和发展探讨[J].综述与专论,1999,(8):9-11.

[15] 程燕茹,王玉罂,蒋南飞,王雷.硅胶的发展现状及应用[J].化学工程师,2014,(9):36-39.

[16] 陈观元.对于发展硅胶、硅溶胶、白炭黑产品的看法[J].无机盐工业,1985,35-38.

[17] 白存银.硅胶生产中老化机理的探讨[J].内蒙古石油化工,1999,67.

[18] 梁凤凯,等.有机化工生产技术[M].北京:化学工业出版社,2003.

[19] 李贵贤,等.化学工艺概论[M].北京:化学工业出版社,2004.

[20] 王焕梅.有机化工生产技术[M].北京:高等教育出版社,2007.